Tutorien zur Technischen Mechanik

Christian Kautz · Andrea Brose · Norbert Hoffmann

Tutorien zur Technischen Mechanik

Arbeitsmaterialien für das Lehren und
Lernen in den Ingenieurwissenschaften

Unter Mitarbeit von Dion Timmermann

Christian Kautz
Abteilung für Fachdidaktik der Ingenieurwissenschaften
am Zentrum für Lehre und Lernen
TU Hamburg
Hamburg, Deutschland

Norbert Hoffmann
Arbeitsgruppe Strukturdynamik
TU Hamburg
Hamburg, Deutschland

Andrea Brose
Zentrum für Lehre und Lernen (ZLL)
TU Hamburg
Hamburg, Deutschland

Teile entnommen aus der Übersetzung von Kautz/Liebenberg/Gloss „Tutorien zur Physik" (© 2009 Pearson Studium, Imprint der Pearson Education Deutschland GmbH) des Originals von Lillian C. McDermott und Peter S. Shaffer „Tutorials in Introductory Physics" (© 2002–2008, Pearson Education Inc.).

ISBN 978-3-662-56757-9   ISBN 978-3-662-56758-6   (eBook)
https://doi.org/10.1007/978-3-662-56758-6

Die Deutsche Nationalbibliothek verzeichnet diese Publikation in der Deutschen Nationalbibliografie; detaillierte bibliografische Daten sind im Internet über http://dnb.d-nb.de abrufbar.

Springer Vieweg
© Springer-Verlag GmbH Deutschland, ein Teil von Springer Nature 2018

Verantwortlich im Verlag: Margit Maly

Gedruckt auf säurefreiem und chlorfrei gebleichtem Papier

Springer Vieweg ist ein Imprint der eingetragenen Gesellschaft Springer-Verlag GmbH, DE und ist ein Teil von Springer Nature
Die Anschrift der Gesellschaft ist: Heidelberger Platz 3, 14197 Berlin, Germany

Inhaltsverzeichnis

Vorwort

Die Technische Mechanik gilt als eines der schwierigsten Fächer im ingenieurwissenschaftlichen Studium. Grund dafür sind nicht nur, wie häufig angenommen, die oft komplizierten mathematischen Verfahren zur Berechnung mechanischer Systeme, sondern häufig auch elementare Schwierigkeiten beim Verständnis der verwendeten Begriffe und der Zusammenhänge, die den Berechnungsverfahren zugrunde liegen. Diese „kritischen Begriffen" und deren Verständnis bei den Studierenden sind seit längerer Zeit bereits Gegenstand systematischer Untersuchungen, zunächst im Kontext der Physikdidaktik und seit ein paar Jahren auch im Bereich der ingenieurwissenschaftlichen Fachdidaktik. Neben konkreten Anregungen, wie sich das Verständnis einzelner Begriffe verbessern lässt und sich bestimmte Hürden leichter überwinden lassen, liefert die didaktische Forschung vor allem Hinweise darauf, dass eine schrittweise und strukturierte Auseinandersetzung mit den fachlichen Grundlagen anhand konkreter Beispielsituationen wesentlich für die Entwicklung eines robusten qualitativen Verständnisses des Fachs ist.

Aus diesem Grund haben wir vor nahezu zehn Jahren begonnen, die vorliegenden Materialien zu entwickeln und in den Lehrveranstaltungen der (Technischen) Mechanik an der Technischen Universität Hamburg (TUHH) einzusetzen. Als Vorbild dienten die an der University of Washington in Seattle entwickelten *Tutorials in Introductory Physics* von Lillian C. McDermott, Peter S. Shaffer und der dortigen Physics Education Group, aus deren deutscher Übersetzung (*Tutorien zur Physik*) wir auch mehrere geeignete Arbeitsblätter mit mehr oder weniger großen Anpassungen übernehmen durften. Auf der Grundlage von Rückmeldungen von Studierenden und Lehrenden wurden die Materialien seitdem kontinuierlich angepasst und ergänzt und in Vorbereitung ihrer Veröffentlichung erneut überarbeitet. Im Laufe dieses Prozesses waren Studierende mehrfach aufgerufen, den von ihnen wahrgenommenen Nutzen der Materialien zu beurteilen.

Darüber hinaus evaluieren wir die *Tutorien zur Technischen Mechanik* in einer begleitenden Studie. Dazu werden unter anderem Multiple-Choice-Tests, sogenannte Concept Inventories eingesetzt, welche die Studierenden zu Beginn und Ende ihrer ersten Mechanik-Lehrveranstaltung bearbeiten. Die Daten dieser Tests belegen statistisch signifikante Verbesserungen mit nennenswerten Effektstärken bei Verwendung der *Tutorien* im Vergleich zu Jahrgängen mit rein herkömmlichen Lehrformen (bei gleicher gesamter Präsenzzeit). Als positiv beurteilen wir auch das Ergebnis, dass (im Mittel) Studierende in allen Bereichen des Leistungsspektrums mithilfe dieser Materialien bessere Ergebnisse erzielen können. Es handelt sich hier also weder um eine reine „Nachhilfemaßnahme" für abbruchgefährdete Studierende noch um eine ausschließliche Förderung der leistungsstärksten Studierenden. Wir stellen jedoch anhand der vorliegenden Daten fest, dass besser vorbereitete Studierende im Mittel vermutlich etwas stärker von der Einführung der *Tutorien* profitieren. Details zu der hier erwähnten Studie finden sich in einigen Publikationen der Abteilung für Fachdidaktik der Ingenieurwissenschaften am Zentrum für Lehre und Lernen der TUHH (siehe `www.tuhh.de/fachdidaktik/publikationen`).

Zum Gebrauch der Tutorien

Die vorliegenden Arbeitsblätter dienen als Ergänzung zu einer Vorlesung der Technischen Mechanik und sollen von den Studierenden in der Regel zusätzlich zu traditionellen Übungsaufgaben bearbeitet werden. Da erfahrungsgemäß vielen Studierenden einige der enthaltenen Aufgabenstellungen nicht leicht fallen und die Diskussion der fachlichen Begriffe und Zusammenhänge einen wesentlichen Teil des Lernprozesses darstellt, halten wir es für notwendig, dass die Arbeitsblätter im Rahmen einer Präsenzveranstaltung in Kleingruppen von (in der Regel) drei bis vier Studierenden bearbeitet werden. Dies ist am einfachsten innerhalb von Gruppenübungen mit bis zu 25 Teilnehmenden unter Betreuung durch eine Tutorin oder einen Tutor zu realisieren. Wir haben jedoch auch mit der Umsetzung in sogenannten Hörsaalübungen mit mehreren Hundert Studierenden gute Erfahrungen gemacht, sofern Lehrkräfte in entsprechender Anzahl anwesend sind und die Studierendengruppen (aufgrund frei gelassener Bankreihen) auch erreichen können. Wesentlich für beide Formate ist natürlich, dass die Aufgaben von den Studierenden selbst bearbeitet werden, also kein „Vorrechnen" vor der Gruppe, sei es durch Lehrende oder durch Lernende, stattfindet.

Der Umfang der einzelnen Arbeitsblätter beträgt in der Regel vier Seiten, gelegentlich fünf oder sechs, und in einem Fall (Reibung) nur zwei Seiten. Die Bearbeitungszeit ist naturgemäß für einzelne Studierendengruppen sehr unterschiedlich. Eine Unterrichtseinheit von 45 Minuten ist bei den meisten Arbeitsblättern (und für die meisten Studierenden) eher knapp bemessen, eine doppelte Einheit von 90 Minuten in den meisten Fällen eher großzügig. In ersterem Fall sollten die Studierenden angehalten werden, die Blätter in der Selbstlernzeit (nach Möglichkeit ebenfalls in Gruppen) zu Ende zu bearbeiten; im letzteren Fall bietet es sich an, ergänzende Aufgaben bereitzuhalten.

Die meisten der Arbeitsblätter sind darauf angelegt, nach der Einführung der entsprechenden Themen in der Vorlesung (oder, im Sinne eines *Inverted Classroom-* oder *Just-in-Time Teaching*-Ansatzes, in der Selbstlernphase) eingesetzt zu werden. Einige der Arbeitsblätter können jedoch auch selbst als Einführung in das entsprechende Thema dienen. Hierzu gehört unter anderem Arbeitsblatt 1 (*Kräfte*), das mit der Beschreibung einer Alltagssituation beginnt und den Begriff der Kraft als Wechselwirkung zwischen zwei Körpern ohne Rückgriff auf Lehrbuch oder Vorlesung einführt.

Die vorliegenden Materialien können in Verbindung mit beliebigen Lehrbüchern oder Vorlesungsskripten eingesetzt werden. Bezüglich der verwendeten Notation und der Reihenfolge der enthaltenen Themen orientieren sie sich (wie auch die Mechanik-Vorlesungen an der TUHH) weitgehend an dem Werk von Gross, Hauger, Schröder und Wall. (Abweichungen hiervon stellen die aus den *Tutorien zur Physik* übernommene und inhaltlich begründete Notation bei der Einführung von Kräften in der Statik sowie die ebenfalls didaktisch motivierte Umkehrung der Reihenfolge von Torsion und Biegung in der Elastostatik dar.) An dieser Stelle möchten wir auch darauf hinweisen, dass die *Tutorien zur Physik* eine Reihe weiterer Arbeitsblätter enthalten, die für eine Lehrveranstaltung der Technischen Mechanik thematisch relevant sind, hier jedoch nicht mit eingebunden wurden. Hierzu gehören besonders zwei Arbeitsblätter zur Hydrostatik sowie drei weitere zu den Erhaltungsgrößen Impuls und Energie im Kontext der Kinetik.

Für eine Reihe von Arbeitsblättern werden einfache Experimentiermaterialien oder Gegenstände zur Veranschaulichung benötigt. Soweit dies nicht aus dem Zusammenhang sofort zu erschließen ist, sind die Materialien in einer Liste auf der begleitenden Webseite (`www.tuhh.de/fachdidaktik/tztm`) aufgeführt. Dort finden sich auch Vordrucke für diverse Unterlagen, auf die in den Arbeitsblättern verwiesen wird.

Hinweise für Lehrende

Nach unserem Eindruck ist die Betrachtung qualitativer Fragestellungen in Lehrveranstaltungen im Grundlagenbereich des ingenieurwissenschaftlichen Studiums nach wie vor wenig verbreitet. Lehrende gehen möglicherweise davon aus, dass derartige Überlegungen von den Studierenden ohnehin angestellt werden, wenn sie sich im Kontext von (quantitativen) Berechnungsaufgaben mit den Inhalten beschäftigen. Diese Erwartung wird aber nur von einem geringen Teil der Studierenden ausreichend erfüllt, sodass diese Betrachtungsweise des Stoffs für die meisten zunächst ungewohnt ist. Daraus ergeben sich für Lehrende, welche die vorliegenden Arbeitsblätter einsetzen wollen, folgende Konsequenzen: Zum einen ist es wichtig, die Studierenden anfänglich auf die Bedeutung der Tutorien hinzuweisen und deutlich zu machen, dass es sich um einen integralen Bestandteil der Lehrveranstaltung handelt. Auch wenn für die meisten Studierenden im Laufe eines Semesters der Nutzen der Arbeitsblätter und ihrer gemeinschaftlichen Bearbeitung sehr deutlich wird, raten wir dazu, die Verknüpfung der Inhalte aus den verschiedenen Komponenten der Veranstaltung durch gelegentliche explizite Verweise in der Vorlesung zu unterstützen. Zum anderen kann die Akzeptanz der Arbeitsblätter (wie jedes anderen neuen Lehrformats) bereits zu Beginn der Veranstaltung dadurch wirksam unterstützt werden, dass die Prüfungen im Fach Aufgaben enthalten, die an dieses Format angelehnt sind, und dies auch gleich zu Beginn der Veranstaltung kommuniziert wird. Konkret bedeutet dies, dass auch die (meist schriftlichen) Prüfungen qualitative Aufgaben enthalten sollten, in denen technische Situationen verglichen oder Auswirkungen von Veränderungen in solchen Situationen auf bestimmte Größen betrachtet werden sollen. Dass all dies die traditionelle formel-basierte Beschäftigung mit dem Lernstoff, einschließlich der mathematischen Herleitung wesentlicher Zusammenhänge, nicht ersetzen, sondern nur ergänzen soll, versteht sich von selbst.

Hinweise für Studierende

Die *Tutorien zur Technischen Mechanik* enthalten Fragestellungen, die im ingenieurwissenschaftlichen Studium vielleicht eher untypisch erscheinen. Dies hat damit zu tun, dass diese Materialien eher als eine

Einladung zur inhaltlichen Auseinandersetzung mit dem Lernstoff zu verstehen sind als im Sinne üblicher Arbeitsblätter, wie sie möglicherweise aus der Schule bekannt sind. Konkret bedeutet dies, dass es nicht um ein reines „Ab-Arbeiten" der einzelnen Aufgabenstellungen geht, sondern um das „Er-Arbeiten" des Lernstoffes und die Verknüpfung von anschaulichen Vorstellungen und abstrakten Zusammenhängen. Daraus ergeben sich eine Reihe weiterer Aspekte, die zu beachten sind. Da manche Aufgaben der einen Person große Schwierigkeiten bereiten, einer anderen aber eher banal erscheinen können, oder der Schritt von einer Teilaufgabe zur nächsten manchmal zu schwierig, in einem anderen Fall eher trivial erscheint, hat der Austausch der Lernenden untereinander eine zentrale Bedeutung. Deshalb empfehlen wir, Anweisungen im Text wie „Begründen Sie Ihre Antwort." oder „Diskutieren Sie Ihre Antworten mit einer Tutorin oder einem Tutor." tatsächlich einzuhalten. Aus dem oben Gesagten ergibt sich weiterhin, dass nicht alle Antworten völlig eindeutig sind, d. h. an manchen Stellen gibt es kein „eindeutig richtig" und „eindeutig falsch". Individuelle Antworten können sich z. B. dadurch unterscheiden, dass unterschiedliche Teile einer Begründung als wichtig angesehen werden. Dies alles sind Gründe dafür, dass zu diesen Arbeitsblättern keine Musterlösungen vorliegen, auch wenn uns bewusst ist, dass dies von Studierenden immer wieder gewünscht wird.

Deshalb ist es auch besonders wichtig, dass die Ergebnisse der Diskussionen zu einzelnen Aufgaben von allen Gruppenmitgliedern schriftlich festgehalten werden. Beim Erstellen der Druckvorlage für diese Materialien wurde darauf geachtet, dass der Zwischenraum zwischen den Aufgaben in der Regel dafür ausreicht, die Antworten stichwortartig festzuhalten. Abbildungen, Zeichenfelder und Tabellen, in denen eigene Eintragungen oder Skizzen gemacht werden sollen, sind durch einen grauen Rahmen gekennzeichnet.

Hinweise für Tutorinnen und Tutoren

Den Tutorinnen und Tutoren fällt beim Einsatz der Arbeitsblätter eine äußerst wichtige und die möglicherweise schwierigste Rolle zu. Ihre Aufgabe ist es, den Studierendengruppen durch geringst mögliche Hilfestellung zur erfolgreichen Eigenarbeit zu verhelfen. Dabei erfordert jede Interaktion mit einer Studierendengruppe gleichzeitig die Konzentration auf mehrere Fragen: „Wie weit ist die Gruppe fortgeschritten? Wo könnten in dem bereits bearbeiteten Material noch Missverständnisse oder Fehler liegen? An welcher Problemstellung arbeitet die Gruppe momentan, und welche Erkenntnis fehlt der Gruppe (oder einzelnen Teilnehmenden) noch zur erfolgreichen Bearbeitung dieser Teilaufgabe? Arbeiten die Teilnehmenden effektiv als Gruppe miteinander? Gibt es möglicherweise einzelne Mitglieder, die eine eher passive Rolle einnehmen, z. B. nur Ergebnisse der anderen mitschreiben?" Die Beachtung aller dieser Aspekte wird zudem noch durch die Notwendigkeit erschwert, sich die richtige Antwort der betreffenden Teilaufgabe sowie eine nachvollziehbare Begründung erneut vor Augen zu führen. Darüber hinaus müssen typische „Fallen" erkannt und umgangen werden: zum Beispiel die Absicht, die gesuchte Antwort den Studierenden „einfach nur richtig zu erklären", die um so verständlicher ist, wenn man sich als Studierende(r) im höheren Semester noch erinnert, wie man das entsprechende Thema nach langer Anstrengung endlich selbst richtig verstanden hat, oder das Bedürfnis, einem Gruppenmitglied, das sich leise mit einer Frage direkt an die Tutorin oder den Tutor wendet, durch einen kurzen Nachhilfevortrag den Anschluss an die Gruppe zu ermöglichen (was allein daran scheitern muss, dass diese in der Zwischenzeit ihren „Vorsprung" meistens noch ausgebaut hat). All dies im Auge zu behalten, stellt auch für erfahrene Lehrende noch eine Herausforderung dar. Es gilt also, einerseits mit realistischen Erwartungen an sich selbst an diese Aufgabe heranzugehen und andererseits durch Reflexion im Bezug auf Fragetechniken und Gruppenleitung weiter zu lernen.

Danksagungen

Sowohl bei der inhaltlichen Entwicklung dieser Materialien als auch bei der Gestaltung und Herausgabe als Buch haben wir von verschiedenen Personen Unterstützung bekommen, für die wir uns an dieser Stelle bedanken möchten.

Viele Rückmeldungen zu inhaltlich schwierigen oder sprachlich unklaren Textpassagen haben wir über mehrere Jahre von den Tutorinnen und Tutoren der Gruppenübungen zur Mechanik I - III an der TUHH erhalten. Frau Julie Direnga, Frau Dr. Natalia Konchakova, Herr Ludwig Krumm, Herr Bernhard Stingl und Herr Martin Withalm haben als wissenschaftliche Mitarbeiterinnen und Mitarbeiter die Übungsleiterinnen und Übungsleiter betreut, ihre Anmerkungen weitergeleitet und gelegentlich selbst inhaltliche Verbesserungsvorschläge gemacht.

Unser ganz besonderer Dank gilt Herrn Dion Timmermann, der den zweifellos größten Anteil daran hat, dass aus den Text- und Grafikbausteinen der einzelnen Tutorials am Ende eine verwertbare Druckvorlage für dieses Buch geworden ist. Sein kompetenter Umgang mit LATEX, aber vor allem auch sein Sinn für grafische Gestaltung, die Verwendung von Schrifttypen usw. haben viel zur Umsetzung dieses Projekts beigetragen. Besonders zu erwähnen ist seine Gestaltung der Kapitelseiten für die fünf Teile des Buchs. Darüber hinaus haben Frau Marica Buss, Herr Jorrid Lund, Herr Mattes Schumann und Herr Muhammad Ismahil, sowie in besonderem Maße Frau Hannah Strohm und Frau Marie Sämann an der Fertigstellung der Druckvorlage mitgewirkt.

Danken möchten wir aber auch Frau Maly und Frau Alton vom Springer-Verlag für die gute Betreuung bei der Erstellung der Druckvorlage (und die Nachsicht bei mehrmaliger Verzögerung) sowie auch dem Verlag Pearson für die Genehmigung der Einbindung mehrerer Arbeitsblätter bzw. Textabschnitte und Grafiken aus den dort erschienenen *Tutorien zur Physik*. Der NORDMETALL-Stiftung danken wir für die Förderung des Projekts *Aktives Lernen im Ingenieurstudium* an der TUHH, das in den Jahren 2008 bis 2012 die den Materialien zugrunde liegende wissenschaftliche Arbeit und die Erstellung erster Versionen einiger der vorliegenden Arbeitsblätter ermöglichte.

Hamburg, im Frühjahr 2018   Christian H. Kautz

                                                                             Andrea Brose

                                                                             Norbert Hoffmann

Statik

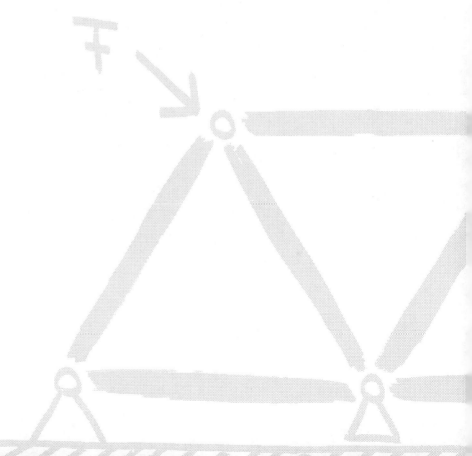

Im vorliegenden Arbeitsblatt betrachten wir Kräfte im Hinblick darauf, wie sie zur Translationsbewegung (Verschiebung) von Körpern beitragen oder diese verhindern. Der Einfluss des Angriffspunktes einer Kraft sowie die Wirkung von Kräften auf die Rotationsbewegung (Drehung) werden im folgenden Arbeitsblatt 2 (*Kräfte und Momente*) untersucht. Die Verformung von Körpern unter dem Einfluss von Kräften wird in den Arbeitsblättern in Teil II dieser Materialien (*Elastostatik*) betrachtet.

1 Klassifizierung und Kennzeichnung von Kräften

Peter und Maria versuchen, eine schwere Kiste zu bewegen, wie in der nachfolgenden Abbildung dargestellt. Die Kiste bewegt sich jedoch nicht. Peter drückt gegen die Kiste. Maria zieht an einem Seil, das an der Kiste befestigt ist.

1.1 Freikörperbilder

a) Stellen Sie die Kiste auf einem großen Blatt Papier dar. Zeichnen Sie dann gemeinsam mit den anderen Mitgliedern Ihrer Arbeitsgruppe Vektoren ein, um die auf die Kiste wirkenden Kräfte darzustellen.

Kennzeichnen Sie alle Vektoren durch eine kurze Beschreibung der jeweiligen Kraft.

WICHTIG: In der Newton'schen Mechanik werden alle Kräfte als Ausdruck einer Wechselwirkung zwischen zwei Körpern angesehen. Zu jeder Kraft lassen sich deshalb eindeutig der Körper angeben, *auf den die Kraft ausgeübt wird*, sowie der Körper, *der die Kraft ausübt*. In der oben beschriebenen Situation wird zum Beispiel die Gewichtskraft (oder Erdanziehungskraft) *von* der Erde *auf* die Kiste ausgeübt.

b) Beschreiben Sie alle weiteren Kräfte, die Sie oben eingezeichnet haben, in gleicher Weise.

WICHTIG: Das Diagramm, das Sie in Aufgabe 1.1a gezeichnet haben, wird als *Freikörperbild* der Kiste bezeichnet. Die Wechselwirkungen mit den anderen Körpern werden hierbei symbolisch durch Kraftvektoren dargestellt. Man bezeichnet diese Vorgehensweise in der technischen Mechanik als *Freischneiden*, da der betrachtete Körper gedanklich aus seiner Umgebung herausgelöst wird, und die anderen Körper bezüglich ihrer Wirkung auf den betrachteten Körper durch Kraftvektoren ersetzt werden.

Ein Freikörperbild enthält nur die Kräfte, die *auf* den betrachteten Körper oder das betrachtete System ausgeübt werden, in diesem Fall also sämtliche Kräfte, die *auf die Kiste* wirken. Ein korrektes Freikörperbild besteht also zunächst aus einer vereinfachten Darstellung des Körpers und den vollständig gekennzeichneten Kräften, die auf ihn wirken. Ein Freikörperbild enthält somit *keine* Kräfte, die *von* dem betrachteten Körper auf *andere* ausgeübt werden.

c) Betrachten Sie diesbezüglich noch einmal Ihr Freikörperbild und ändern Sie es gegebenenfalls.

1.2 Kontaktkräfte und Feldkräfte

a) Welche auf die Kiste wirkenden Kräfte *setzen zwingend voraus*, dass sich die beiden wechselwirkenden Körper, d. h. die Kiste und der Körper, der die Kraft auf sie ausübt, berühren?

Welche Kräfte auf die Kiste setzen *nicht* voraus, dass sich die beiden wechselwirkenden Körper berühren?

© Springer-Verlag GmbH Deutschland, ein Teil von Springer Nature 2018
C. Kautz et al., *Tutorien zur Technischen Mechanik*, https://doi.org/10.1007/978-3-662-56758-6_1

WICHTIG: Wir bezeichnen Kräfte, die den direkten Kontakt (d. h. gegenseitiges Berühren) der beiden Körper voraussetzen, als *Kontaktkräfte*. Wir bezeichnen Kräfte, die dies nicht voraussetzen, als *Feldkräfte*. Dies entspricht faktisch meist der Unterscheidung zwischen Oberflächen- und Volumenkräften, die in vielen Lehrbüchern verwendet wird.

b) Ordnen Sie die folgenden Arten von Kräften den beiden Kategorien zu: Reibungskräfte ($\vec{F}_{\text{Reib}}$), Seilkraft ($\vec{F}_{\text{Seil}}$), magnetische Kraft ($\vec{F}_{\text{mag}}$), Normalkraft ($\vec{F}_{\text{N}}$), Gewichtskraft ($\vec{F}_{\text{G}}$, auch als Schwerkraft, Gravitationskraft oder Erdanziehungskraft bezeichnet).

Kontaktkräfte/Oberflächenkräfte	Feldkräfte/Volumenkräfte

1.3 Diskussion

Betrachten Sie die folgende Diskussion zwischen drei Studierenden:

Robert: „Ich bin der Meinung, dass das Freikörperbild für die Kiste eine Kraft von Peter und eine von Maria enthalten sollte. Das Seil berührt zwar die Kiste, kann aber von sich aus keine Kraft ausüben."

Isaac: „Ich glaube aber nicht, dass wir eine Kraft von Maria einzeichnen sollten. Personen können keine Kräfte auf andere Körper ausüben, ohne sie zu berühren."

Simon: „Die Kiste freischneiden, heißt doch, dass wir sie gedanklich aus der Umgebung herauslösen. Wir trennen sie also vom Seil und müssen dessen Wirkung auf die Kiste ersetzen."

a) Welchen der getroffenen Aussagen stimmen Sie zu, und was folgt daraus für das Freikörperbild der Kiste? Begründen Sie.

WICHTIG: In diesem Arbeitsblatt kennzeichnen wir Kräfte durch drei Angaben: (1) die Art der Kraft, (2) den Körper, auf den sie ausgeübt wird, und (3) den Körper, von dem sie ausgeübt wird. Die <u>G</u>ewichtskraft, die *auf* die <u>K</u>iste wirkt und *von* der <u>E</u>rde ausgeübt wird, kann zum Beispiel mit $\vec{F}_{\text{G}}^{\text{KE}}$ bezeichnet werden. (Ihr Dozent oder Ihre Dozentin verwendet möglicherweise eine andere Notation.)

b) Kennzeichnen Sie nun alle Kräfte in Ihrem Freikörperbild, das Sie in Aufgabe 1.1a erstellt haben, wie hier vereinbart und übertragen Sie das korrigierte und vollständige Diagramm in das Zeichenfeld rechts.

Freikörperbild für Kiste

→ Lassen Sie Ihr Freikörperbild von einer Tutorin oder einem Tutor überprüfen.

2 Anwendung von Freikörperbildern

2.1 Freikörperbild für ein Buch

Ein Buch liegt auf einem Tisch (siehe Abbildung rechts).

 Buch

a) Skizzieren Sie ein Freikörperbild für das Buch. (*Zur Erinnerung*: Ein korrektes Freikörperbild enthält nur eine Darstellung des betrachteten Körpers und sämtlicher Kräfte, die *auf* den Körper ausgeübt werden.)

Falls Sie zur Kennzeichnung der Kräfte eine andere als die in Abschnitt 1 vorgeschlagene Notation verwenden, muss diese unbedingt die folgenden Informationen enthalten:

- die Art der Kraft (Gewichtskraft, Reibung usw.),
- den Körper, auf den die Kraft wirkt, und
- den Körper, der die Kraft ausübt.

Freikörperbild für Buch

b) Welche möglichen Beobachtungen belegen das Auftreten jeder dieser Kräfte?

c) Welche Beobachtung erlaubt es Ihnen, die Beträge der verschiedenen auf das Buch wirkenden Kräfte miteinander zu vergleichen?

d) Wie haben Sie die relative Größe der einzelnen Kräfte in Ihrem Freikörperbild dargestellt?

e) Stellen Sie eine Gleichung auf, welche die auf das Buch wirkenden Kräfte miteinander in Beziehung setzt.

2.2 Zwei Bücher

Ein zweites, schwereres Buch wird auf das erste Buch gelegt (siehe Abbildung rechts).

 oberes Buch
unteres Buch

a) Skizzieren Sie jeweils ein Freikörperbild für die beiden Bücher. Kennzeichnen Sie die Kräfte wie vereinbart.

Freikörperbild für oberes Buch

Freikörperbild für unteres Buch

b) Geben Sie an, welche der Kräfte Kontaktkräfte und welche Feldkräfte sind.

c) Betrachten Sie noch einmal alle Kräfte in den beiden Freikörperbildern, die Sie zuletzt gezeichnet haben. Begründen Sie, warum jede Kraft, die in *einem* der Bilder auftritt, *nicht* auch im *anderen* vorkommt.

d) Welche der in Aufgabe 1.2b aufgeführten Arten von Kräften übt das obere auf das untere Buch aus?

   Warum ist es *nicht* richtig, diese Kraft als „Gewichtskraft des oberen Buches auf das untere Buch" zu bezeichnen?

e) Welche Beobachtung erlaubt es Ihnen, die Beträge der auf das *obere* Buch wirkenden Kräfte miteinander zu vergleichen?

f) Stellen Sie eine Gleichung auf, welche die auf das obere Buch wirkenden Kräfte miteinander in Beziehung setzt.

g) Gibt es Kräfte, die auf das *untere* Buch wirken und gleiche Beträge haben wie Kräfte, die auf das *obere* Buch wirken? Begründen Sie.

h) Vergleichen Sie das Freikörperbild für das untere Buch mit dem für das gleiche Buch in Abschnitt 2.1 (d. h. bevor das obere Buch daraufgelegt wurde): Welche der Kräfte haben sich geändert, und welche sind gleich geblieben?

WICHTIG: Wie oben beschrieben, betrachten wir jede Kraft, die auf einen Körper wirkt, als von einem anderen Körper ausgeübt. Der erste Körper übt dabei auf den zweiten eine ebenso große, umgekehrt gerichtete Kraft aus, die der gleichen Wechselwirkung entspringt. Die beiden Kräfte – man spricht auch von *actio* und *reactio* – werden entsprechend dem dritten Newton'schen Gesetz zusammen als *Newton'sches Wechselwirkungspaar* (oder kürzer: *Newton'sches Kräftepaar*) bezeichnet.

2.3 Newton'sche Kräftepaare

Im Folgenden betrachten wir die Freikörperbilder für die beiden Bücher sowie die darin enthaltenen Kräfte unter dem Aspekt der Newton'schen Kräftepaare.

a) Geben Sie diejenigen Newton'schen Kräftepaare an, die vollständig in den Freikörperbildern enthalten sind, d. h. für die *beide* Kräfte in den zwei Freikörperbildern auftreten. Auf welchen Körper wirken die Kräfte jeweils?

   Kennzeichnen Sie sämtliche vollständig auftretenden Newton'schen Kräftepaare in Ihren Freikörperbildern mithilfe eines oder mehrerer Kreuze (×) an beiden Kräftepfeilen eines Paares. Markieren Sie also beide Vektoren eines Paares durch ⟶×⟶, beide Vektoren eines zweiten Paares durch ⟶××⟶ usw.

b) Geben Sie für jedes vollständige Newton'sche Kräftepaar an, ob die beiden Kräfte des Kräftepaares im *gleichen* Freikörperbild oder in *verschiedenen* Freikörperbildern auftreten, und erläutern Sie, ob Ihre Antwort allgemein gültig ist.

   Handelt es sich bei den beiden Kräften eines Newton'schen Kräftepaares um Kräfte der gleichen Art oder um verschiedene Arten von Kräften? Erläutern Sie, ob Ihre Antwort allgemein gültig ist.

c) Treten in den Freikörperbildern Kräfte auf, die mit anderen (nicht in den betrachteten Freikörperbildern enthaltenen) Kräften Newton'sche Kräftepaare bilden?

   Bezeichnen Sie für jedes dieser „unvollständigen" Kräftepaare:

   - die Kraft, die in einem der beiden Freikörperbilder auftritt,
   - die Kraft, die *nicht* in einem der beiden Freikörperbilder auftritt, und
   - den Körper, dessen Freikörperbild Sie zeichnen müssten, um die fehlende Kraft darstellen zu können.

d) Treten in den Freikörperbildern zwei Kräfte auf, die gleiche Beträge und entgegengesetzte Richtungen besitzen, aber kein Newton'sches Kräftepaar miteinander bilden? Begründen Sie Ihre Antwort.

In Arbeitsblatt 1 (*Kräfte*) kamen Sie zu dem Ergebnis, dass für einen ruhenden Körper die Vektorsumme aller an ihm angreifenden Kräfte null sein muss. Kräfte, die auf einen Körper wirken, können jedoch auch eine Drehbewegung des Körpers verursachen. Im vorliegenden Arbeitsblatt untersuchen wir deshalb, welche Gesetzmäßigkeiten für die „Drehwirkungen" von Kräften gelten.

1 Moment einer Einzelkraft in skalarer Darstellung

1.1 Definition

Ein masseloser Balken ist in der Mitte drehbar gelagert und wird mit Gewichten beladen (siehe Abbildung). Es wird beobachtet, dass der Balken in Ruhe ist.

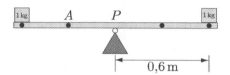

a) Was passiert, wenn das rechte Gewicht

- in Richtung Balkenmitte verschoben wird?

- durch ein Gewicht von 2 kg am gleichen Ort auf dem Balken ersetzt wird?

b) Ist es möglich, das 2 kg-Gewicht auf der rechten Seite des Balkens so zu platzieren, dass der Balken waagerecht und in Ruhe bleibt? Wenn ja, wo? Begründen Sie.

WICHTIG: Die obige Situation lässt sich durch den Begriff des *Moments* beschreiben. Das Moment drückt die „Drehwirkung" einer Kraft bezüglich eines Punktes aus. Sein Betrag ist das Produkt aus dem Betrag der Kraft F und dem *senkrechten* Abstand (Hebelarm) d der *Wirkungslinie* der Kraft vom vorgegebenen Bezugspunkt P, also: $M_F^{(P)} = F \cdot d$. Das Moment ist positiv, wenn die „Drehwirkung" entgegengesetzt dem Uhrzeigersinn, und negativ, wenn die „Drehwirkung" im Uhrzeigersinn ist. Ihr Lehrbuch definiert das Moment möglicherweise als Vektor(kreuz)produkt aus Ortsvektor und Kraft $\vec{M}_F^{(P)} = \vec{r} \times \vec{F}$. Für die hier und in den folgenden Arbeitsblättern betrachteten ebenen Situationen ist die Bestimmung der auftretenden Momente mittels Kraft und Hebelarm jedoch häufig einfacher.

Im Folgenden betrachten wir Situationen, in denen das linke Gewicht hinsichtlich Betrag (1 kg) und Lage (0,6 m links von P) unverändert bleibt, das rechte jedoch wie angegeben variiert wird.

c) Vervollständigen Sie die Tabelle unten. Nehmen Sie dazu an, dass eine Masse von 1 kg eine Gewichtskraft von 10 N erfährt.

d) Markieren Sie die Situationen, in denen der Balken in Ruhe ist. Erläutern Sie, wie Sie die entsprechenden Situationen identifiziert haben.

$M_{F_{\text{links}}}^{(P)}$	Drehsinn von $M_{F_{\text{links}}}^{(P)}$	Masse rechtes Gewicht	Ort rechtes Gewicht	$M_{F_{\text{rechts}}}^{(P)}$	Drehsinn von $M_{F_{\text{rechts}}}^{(P)}$	Summe aller Momente
6 Nm	gegen Uhrzeigersinn	1 kg	0,6 m rechts von P			
6 Nm	gegen Uhrzeigersinn	1 kg	0,3 m rechts von P			
6 Nm	gegen Uhrzeigersinn	2 kg	0,6 m rechts von P			
6 Nm	gegen Uhrzeigersinn	2 kg	0,3 m rechts von P			

© Springer-Verlag GmbH Deutschland, ein Teil von Springer Nature 2018
C. Kautz et al., *Tutorien zur Technischen Mechanik*, https://doi.org/10.1007/978-3-662-56758-6_2

e) Verallgemeinern Sie Ihre Ergebnisse: Welche Bedingung muss zusätzlich zum Kräftegleichgewicht erfüllt sein, wenn sich ein Körper in Ruhe befindet?

1.2 Abhängigkeit vom Bezugspunkt

Die Gewichte sind nun so gewählt und angeordnet, dass sich der Balken in Ruhe befindet (siehe Abbildung).

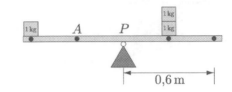

a) Skizzieren Sie ein Freikörperbild des Balkens. Ist das Kräftegleichgewicht erfüllt?

b) Bestimmen Sie die Beträge und Vorzeichen der Momente aller auftretenden Kräfte *bezüglich Punkt A*.

Freikörperbild für Balken

c) Addieren sich die Momente bezüglich Punkt A ebenfalls zu null?

d) Warum mussten Sie hier das Moment der am Lager ausgeübten Kraft berücksichtigen, in Abschnitt 1.1 jedoch nicht?

2 Anwendung des Momentengleichgewichts

2.1 Kräfte- und Momentengleichgewicht

Betrachten Sie noch einmal die Situation aus Abschnitt 1 in Arbeitsblatt 1 (*Kräfte*), in der Maria und Peter vergeblich versuchten, eine schwere Kiste zu bewegen. Als Bezugspunkt für alle auftretenden Momente verwenden wir zunächst Punkt A (siehe nachfolgende Abbildung).

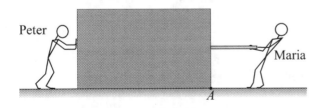

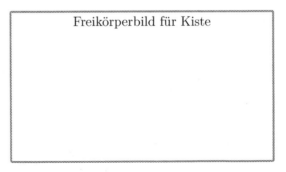

Freikörperbild für Kiste

a) Zeichnen Sie erneut ein Freikörperbild für die Kiste. Achten Sie darauf, dass Sie die Kräfte, soweit möglich, am jeweiligen Angriffspunkt einzeichnen.

b) Geben Sie jeweils eine Gleichung an, die einen Zusammenhang zwischen allen horizontalen bzw. zwischen allen vertikalen Kräften herstellt:

- horizontale Kräfte

- vertikale Kräfte

c) In Aufgabe 1.1e haben Sie eine Bedingung gefunden, die zusätzlich zum Kräftegleichgewicht erfüllt sein muss. Formulieren Sie diese Bedingung in Form einer *allgemeinen* Gleichung.

d) Geben Sie für die folgenden Kräfte an, welchen Drehsinn die durch sie verursachten Momente bezüglich Punkt A besitzen (d.h. *im* oder *entgegen dem* Uhrzeigersinn), oder ob die Momente gleich null sind:

- die beiden nach rechts gerichteten Kräfte
- die Reibungskraft
- die Gewichtskraft
- die Normalkraft vom Boden auf die Kiste

e) Beantworten Sie die folgende Frage anhand Ihrer Ergebnisse in c) und d) oben. Ist die Summe der Momente bezüglich Punkt A, die durch die beiden *vertikalen* Kräfte verursacht werden, *gleich* oder *ungleich* null?

f) Ist demzufolge das durch die Normalkraft verursachte Moment (bezüglich Punkt A) vom Betrag *größer*, *kleiner* oder *gleich* dem durch die Gewichtskraft verursachten Moment? Begründen Sie.

Sie haben in f) festgestellt, dass die von Gewichts- und Normalkraft verursachten Momente verschiedene Beträge haben, obwohl Ihre Antwort in b) ergab, dass die Beträge der verursachenden Kräfte gleich sind.

g) Ist es möglich, dass die Normalkraft und die Gewichtskraft auf der gleichen Wirkungslinie liegen?

Markieren Sie in der Abbildung zu Beginn von Abschnitt 2.1 den Bereich der Kontaktfläche von Kiste und Boden, in dem die Normalkraft $\vec{F}_N^{KB}$ eingezeichnet werden muss, damit sowohl Momenten- als auch Kräftegleichgewicht erfüllt sind.

Korrigieren Sie ggf. Ihr Freikörperbild in Aufgabe 2.1a.

WICHTIG: Eigentlich wirkt die Normalkraft vom Boden auf die Kiste über die ganze Kontaktfläche verteilt. Im Freikörperbild zeichnet man häufig eine *effektive* Normalkraft so ein, dass deren Moment dem der verteilten Kraft entspricht. In ähnlicher Weise haben wir bisher bereits die Gewichtskraft durch einen Vektor an einem Punkt dargestellt, auch wenn sie eigentlich über das ganze Volumen verteilt am Körper angreift.

2.2 Grenzbedingungen für das Gleichgewicht

a) Peter und Maria schieben bzw. ziehen nun stärker, jedoch weiterhin so, dass sich die Kiste nicht bewegt. Welche der folgenden Eigenschaften der Normalkraft $\vec{F}_N^{KB}$ ändern sich? Begründen Sie.

- Betrag
- Richtung
- Angriffspunkt

b) Wie weit kann der Angriffspunkt der effektiven Normalkraft $\vec{F}_N^{KB}$ maximal nach rechts verschoben werden?

Wie groß ist in diesem Fall das durch die Normalkraft verursachte Moment bezüglich Punkt A?

Was folgt in diesem Fall für die Momente, die durch die beiden nach rechts gerichteten Kräfte verursacht werden, sofern sich die Kiste weiterhin in Ruhe befindet?

c) Angenommen, Peter und Maria schieben bzw. ziehen noch stärker als in dem eben in b) betrachteten Fall, ohne dass die Kiste zu rutschen beginnt. Was passiert dann mit der Kiste?

3   Bezugspunkte außerhalb der betrachteten Körper

3.1   Wechsel des Bezugspunktes

Betrachten Sie weiterhin die Situation, in der sich die Kiste in Ruhe befindet. Als Bezugspunkt für alle betrachteten Momente verwenden wir nun jedoch Punkt B, der links von der Kiste liegt (siehe Abbildung).

a) Wird durch die Gewichtskraft der Erde auf die Kiste $\vec{F}_{\mathrm{G}}^{\mathrm{KE}}$ ein Moment $\vec{M}_{\vec{F}_{\mathrm{G}}^{\mathrm{KE}}}^{(B)}$ bezüglich B ausgeübt?

Wenn ja, drücken Sie $M_{\vec{F}_{\mathrm{G}}^{\mathrm{KE}}}^{(B)}$ durch von Ihnen geeignet gewählte Größen aus. Wenn nein, begründen Sie, warum kein solches Moment auftritt.

b) Ist bezüglich Punkt B das durch die Normalkraft des Bodens auf die Kiste verursachte Moment (kurz: $\vec{M}_{\mathrm{N}}^{(B)}$) vom Betrag *größer*, *kleiner* oder *gleich* dem durch die Gewichtskraft verursachten Moment (kurz: $\vec{M}_{\mathrm{G}}^{(B)}$)? Begründen Sie Ihre Antwort anhand der (ungefähren) Angriffspunkte der beiden Kräfte.

3.2   Momentengleichgewicht bei unterschiedlichen Bezugspunkten

a) Tragen Sie in der nachfolgenden Tabelle ein, welchen Drehsinn die durch die verschiedenen Kräfte verursachten Momente bezüglich Punkt A und bezüglich Punkt B jeweils besitzen. Geben Sie ebenfalls an, was daraus aufgrund des geforderten Momentengleichgewichts für die Beträge der beiden durch die vertikalen Kräfte verursachten Momente folgt.

	Drehsinn von $\dot{M}_{\mathrm{G}}^{()}$	Drehsinn von $\dot{M}_{\mathrm{N}}^{()}$	Momente der horizontalen Kräfte	Relative Größe der Momente der vertikalen Kräfte
A				
B				

Sind Ihre Antworten mit Ihren Ergebnissen für die Angriffspunkte der beiden vertikalen Kräfte vereinbar? (*Hinweis:* Ändern sich diese aufgrund der unterschiedlichen Wahl des Bezugspunktes?)

b) Skizzieren Sie noch einmal Ihren Gedankengang bei der Bestimmung des Angriffspunktes der Normalkraft. Welche Informationen haben Sie an welcher Stelle verwendet?

Ein Moment ist ein Maß für die Eigenschaft einer Kraft, zur Drehbewegung eines Körpers beizutragen. Dies kann, wie Sie in Arbeitsblatt 2 (*Kräfte und Momente*) gesehen haben, durch eine Einzelkraft geschehen. Hier betrachten wir Momente, die durch zwei Kräfte verursacht werden, die in entgegengesetzter Richtung und mit gleichem Betrag auf *denselben* Körper wirken. Zwei Kräfte dieser Art werden auch als Kräftepaar (engl.: *couple*) bezeichnet; dies ist zu unterscheiden von dem zuvor eingeführten *Newton'schen Kräftepaar* (engl.: *force pair*), das zwei gegenseitig ausgeübte Kräfte zwischen zwei Körpern bezeichnet.

1 Freies Moment

1.1 Moment eines Kräftepaares

In den Situationen I bis III (siehe Abbildung) wirken verschiedene Kräfte vom Betrag F auf einen ebenen Körper. Die horizontalen Abstände benachbarter Punkte auf dem Körper betragen a, die vertikalen $a/2$.

a) Bestimmen Sie für die dargestellten Situationen die Beträge

- der resultierenden Kraft F_{res},
- des resultierenden Moments $M_{\text{res}}^{(A)}$ bezüglich Punkt A,
- des resultierenden Moments $M_{\text{res}}^{(B)}$ bezüglich Punkt B und
- des resultierenden Moments $M_{\text{res}}^{(C)}$ bezüglich Punkt C.

Zählen Sie Kräfte, die in der folgenden Abbildung nach oben zeigen, als positiv und verwenden Sie die Konvention für Momente wie in Arbeitsblatt 2 (*Kräfte und Momente*).

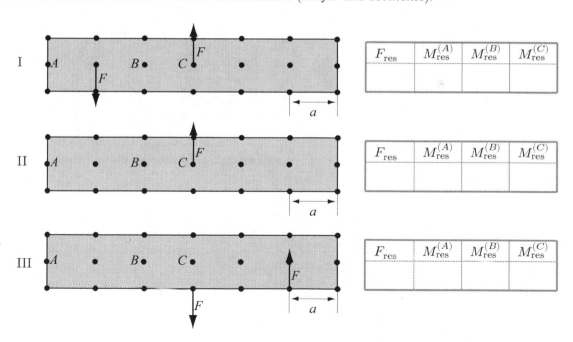

F_{res}	$M_{\text{res}}^{(A)}$	$M_{\text{res}}^{(B)}$	$M_{\text{res}}^{(C)}$

Beantworten Sie die folgenden Fragen anhand Ihrer obigen Ergebnisse, und geben Sie jeweils an, welche der Situationen Sie verwendet haben.

b) Hängt das Moment, das durch eine Einzelkraft verursacht wird, von der Wahl des Bezugspunktes ab?

c) Hängt das Moment, das durch zwei Kräfte entgegengesetzter Richtung und gleichen Betrages verursacht wird, von der Wahl des Bezugspunktes ab?

© Springer-Verlag GmbH Deutschland, ein Teil von Springer Nature 2018
C. Kautz et al., *Tutorien zur Technischen Mechanik*, https://doi.org/10.1007/978-3-662-56758-6_3

STATIK

Freie Momente

1.2 Ersetzen eines Kräftepaares durch ein freies Moment

Wir haben Kräfte in Freikörperbildern bisher durch Vektoren an ihrem Angriffspunkt dargestellt.

> WICHTIG: Ein Kräftepaar, das aus zwei Kräften entgegengesetzter Richtung und gleichen Betrages besteht, die auf den gleichen Körper wirken, kann in einem Freikörperbild durch einen gekrümmten Pfeil, z. B. ↷, ersetzt werden und wird dann auch *freies Moment* genannt. Freie Momente müssen im Momentengleichgewicht berücksichtigt werden, im Kräftegleichgewicht treten sie (und die sie erzeugenden Kräfte) jedoch nicht auf.

a) Wie lässt sich der Sprachgebrauch des *freien* Moments begründen?

b) Wie lässt sich erklären, dass freie Momente keinen Einfluss auf das Kräftegleichgewicht haben?

c) Ersetzen Sie das Kräftepaar (obere Abbildung) im der unteren Abbildung durch das soeben eingeführte Symbol für ein freies Moment.

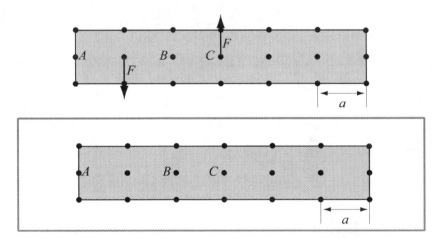

d) Ist es möglich, das freie Moment an einem anderen als dem von Ihnen gewählten Punkt einzuzeichnen? Erläutern Sie.

2 Kräfte und Momente im Freikörperbild

In Arbeitsblatt 1 (*Kräfte*) haben wir zunächst nur Kräfte im Freikörperbild dargestellt. Im Folgenden soll noch einmal diskutiert werden, welche Momente im Freikörperbild dargestellt werden und welche nicht.

2.1 Kräfte und Momente von Einzelkräften

Drei Studierende bearbeiten folgende Aufgabe aus einem Lehrbuch:

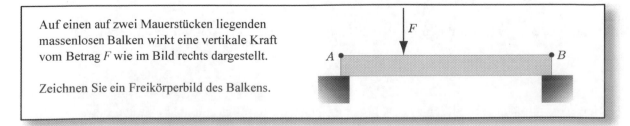

Auf einen auf zwei Mauerstücken liegenden massenlosen Balken wirkt eine vertikale Kraft vom Betrag F wie im Bild rechts dargestellt.

Zeichnen Sie ein Freikörperbild des Balkens.

Die drei Studierenden haben folgende Freikörperbilder gezeichnet und Begründungen dafür gegeben.

Carl: *„Ich denke, dass mein Freikörperbild richtig ist, da ja die Kraft F auch Momente auf den Balken bezüglich der Auflagepunkte ausübt, die ich rechts und links mit M_F eingezeichnet habe."*

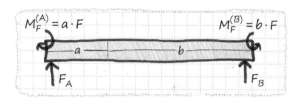

Elisa: *„Ich habe gar kein Moment in mein Freikörperbild eingezeichnet, weil Momente von Einzelkräften nie eingezeichnet werden. Nur die freien Momente stellt man im Freikörperbild dar."*

Luigi: *„Ich glaube, Ihr habt beide nicht ganz recht. Man kann schon die Momente einer Kraft einzeichnen, und zwar in einem beliebig gewählten Punkt im Abstand d vom Angriffspunkt, muss dann aber wegen M = d·F die Kraft aus dem Freikörperbild weglassen, so wie ich es gemacht habe."*

a) Stimmen Sie einer dieser Aussagen zu? Begründen Sie Ihre Ansicht.

Lässt sich die von der entsprechenden Person gegebene Begründung noch präzisieren?

Zuweilen findet man in Lehrbüchern zur Erläuterung der Abhängigkeit des Moments einer Kraft vom gewählten Bezugspunkt eine Darstellung ähnlich der in der nebenstehenden Abbildung.

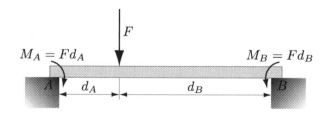

b) Diskutieren Sie, inwiefern diese Abbildung kein korrektes Freikörperbild darstellt und deshalb leicht missverstanden werden kann.

c) Tritt das Moment der Kraft F im Momentengleichgewicht (z.B. bezüglich Punkt A) auf, auch ohne dass dieses Moment im Freikörperbild eingezeichnet wird?

Erläutern Sie, inwiefern Freikörperbilder, wie sie Carl und Luigi gezeichnet haben, zu falschen Gleichungen für Kräfte- und Momentengleichgewicht führen können.

2.2 Freie Momente

Eine Person versucht vergeblich, mit einem Schraubendreher eine festgerostete Schraube an einem mechanischen Bauteil zu lösen. Das Bauteil ist in einem Schraubstock eingespannt (siehe Abbildung).

a) Zeichnen Sie ein mögliches Freikörperbild für das Bauteil in der oben beschriebenen Situation.

b) Ist es möglich, die Wirkung des Schraubendrehers auf das Bauteil durch ein Kräftepaar darzustellen?

c) Ist es möglich, die Wirkung des Schraubendrehers auf das Bauteil durch ein freies Moment darzustellen?

d) Erläutern Sie, warum nicht beide möglichen Darstellungen (d. h. die durch ein Kräftepaar und die durch ein freies Moment) gleichzeitig verwendet werden dürfen.

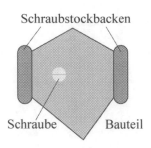

Schraubstockbacken

Schraube   Bauteil

Freikörperbild für Bauteil

e) Übt das Bauteil auf den Schraubendreher ebenfalls ein freies Moment aus? Wenn ja, vergleichen Sie die Beträge der beiden Momente. Wenn nein, begründen Sie, warum nicht.

> WICHTIG: Ähnlich wie Kräfte sind auch freie Momente immer Wechselwirkungen zwischen zwei Körpern. Es ist häufig hilfreich, dies auch in der verwendeten Notation auszudrücken. Es bietet sich deshalb an, für das Moment auf das <u>B</u>auteil, das vom <u>S</u>chraubendreher ausgeübt wird, die Notation M^{BSd} zu verwenden.

f) In der betrachteten Situation treten paarweise Wechselwirkungen zwischen den beteiligten Körpern, also dem Bauteil, der Schraube, dem Schraubendreher, der Hand, die ihn hält, und dem Schraubstock auf. Welche dieser Wechselwirkungen lassen sich als freie Momente beschreiben, und was gilt für deren Beträge?

g) Warum ist die Verwendung freier Momente im Unterschied zu Kräftepaaren in der vorliegenden Situation besonders sinnvoll? (*Hinweis:* Welche Größe, d. h. der Betrag der beiden Kräfte oder der Betrag des freien Moments ist ausschlaggebend dafür, ob sich die Schraube lösen lässt?)

STATIK
Modellierung von
Systemen und Komponenten

Im vorliegenden Arbeitsblatt wenden wir die in den vorangegangenen Arbeitsblättern eingeführten Begriffe *Kraft*, *Moment* und *freies Moment* auf eine komplexere Situation an. Da das betrachtete Gebilde aus zwei Teilen besteht, die unterschiedlich zusammengesetzt werden können, bietet es sich an, sowohl das Gesamtsystem als auch die Teilsysteme zu untersuchen und die beiden Betrachtungsweisen zu vergleichen.

1 Balken und Reiter

Ein schwerer Γ-förmiger Reiter sitzt auf einem als masselos angenommenen Balken. Eine Halterung verhindert, dass der Reiter kippt.

Im Folgenden sollen zwei Situationen betrachtet werden (siehe Abbildung): In der ersten ist der Reiter nach links (Orientierung I), in der zweiten nach rechts (Orientierung II) ausgerichtet, wobei der Fuß des Reiters in beiden Fällen an der gleichen Stelle auf dem Balken positioniert ist.

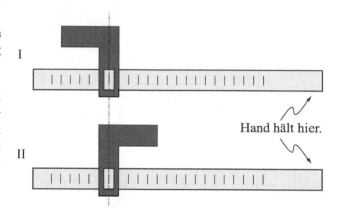

1.1 Betrachtung des Gesamtsystems

a) Angenommen, Sie halten den Balken mit verschlossenen Augen an seinem rechten Ende wie in obiger Abbildung gekennzeichnet. Zuerst halten Sie ihn mit dem Reiter in der einen und dann in der anderen Orientierung, sodass der Balken jeweils horizontal ausgerichtet und im Gleichgewicht ist. Erwarten Sie, dass Sie mit Ihrer Hand einen Unterschied zwischen den beiden Orientierungen wahrnehmen?

b) Skizzieren Sie ein Freikörperbild für das System bestehend aus Balken und Reiter in Orientierung I. Verwenden Sie weiterhin die Bezeichnungsweise für Kräfte und Momente, die in den Arbeitsblättern 1 (*Kräfte*) und 3 (*Freie Momente*) eingeführt wurde.

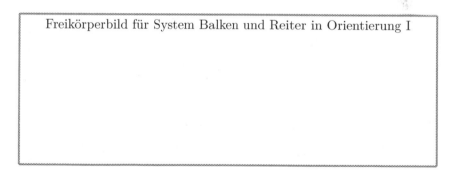

Freikörperbild für System Balken und Reiter in Orientierung I

c) Übt Ihre Hand eine einzelne Kraft, mehrere Kräfte oder eine Kraft und ein freies Moment aus?

d) Wie viele vertikale Kräfte treten in Ihrem Freikörperbild auf?

Vergleichen Sie deren Beträge.

e) Lässt sich die Bedingung für das Momentengleichgewicht mit den in Ihrem Freikörperbild auftretenden Kräften und freien Momenten erfüllen? Begründen Sie qualitativ, d.h. ohne Gleichungen hinzuschreiben.

© Springer-Verlag GmbH Deutschland, ein Teil von Springer Nature 2018
C. Kautz et al., *Tutorien zur Technischen Mechanik*, https://doi.org/10.1007/978-3-662-56758-6_4

f) Stellen Sie nun das Kräfte- und Momentengleichgewicht auf. Wählen Sie als Bezugspunkt für das Momentengleichgewicht einen Punkt nahe dem rechten Ende des Balkens, wo die Hand den Balken hält (siehe Abbildung oben). Führen Sie notwendige Größen ein und erläutern Sie diese.

g) Welche Kräfte und Momente in Ihrem Freikörperbild ändern sich, wenn Sie nun das System *Balken und Reiter* in Orientierung II betrachten?

h) Sind Ihre Ergebnisse mit Ihrer Erwartung in a) vereinbar? Erläutern Sie.

→ Diskutieren Sie Ihre Antworten mit einer Tutorin oder einem Tutor, bevor Sie die Arbeit fortsetzen.

1.2 Betrachtung des Einzelsystems *Balken*

a) Skizzieren Sie ein Freikörperbild für das System *Balken* in Orientierung I in das linke Zeichenfeld.

Freikörperbild für Balken in Orientierung I	Freikörperbild für Balken in Orientierung II

b) Bestimmen Sie für alle Kräfte, die Sie in Ihrem Freikörperbild eingezeichnet haben,

- um welche Art von Kraft es sich jeweils handelt (Feld- oder Kontaktkraft) und

- *von* welchem Körper *auf* welchen Körper die Kraft jeweils wirkt.

c) Stellen Sie das Kräfte- und Momentengleichgewicht für den Balken in Orientierung I auf. Wählen Sie als Bezugspunkt für das Momentengleichgewicht den gleichen Punkt wie zuvor.

d) Skizzieren Sie ein Freikörperbild für das System *Balken* in Orientierung II in das rechte Zeichenfeld oben.

e) Stellen Sie das Kräfte- und Momentengleichgewicht für den Balken in Orientierung II auf. Wählen Sie als Bezugspunkt für das Momentengleichgewicht den gleichen Punkt wie zuvor.

f) Vergleichen Sie Ihre Antworten in c) und e): Welche Terme in den Gleichgewichtsbedingungen für Kräfte und Momente in Orientierung I ändern sich in Orientierung II?

g) Geben Sie aufgrund Ihrer Ergebnisse für die Gleichgewichtsbedingungen für das System *Balken* an, ob sich das von der Hand auf den Balken ausgeübte Moment in den Orientierungen I und II unterscheidet.

1.3 Betrachtung des Einzelsystems *Reiter*

a) Skizzieren Sie jeweils ein Freikörperbild für das System *Reiter* in Orientierung I und Orientierung II in die folgenden Zeichenfelder.

Freikörperbild für Reiter in Orientierung I	Freikörperbild für Reiter in Orientierung II

b) Stellen Sie die Gleichungen für das Kräfte- und Momentengleichgewicht für den Reiter in Orientierung I und Orientierung II auf.

Lässt sich das Momentengleichgewicht erfüllen? Ergänzen Sie ggf. die Freikörperbilder.

1.4 Systeme und Systemwahl

Betrachten Sie nun die beiden Freikörperbilder für Balken und Reiter jeweils in Orientierung I.

a) Tritt für jede Kraft des Balkens auf den Reiter auch die dem dritten Newton'schen Gesetz entsprechende Gegenkraft des Reiters auf den Balken auf?

Gilt das Entsprechende für die Momente?

b) Korrigieren Sie ggf. Ihre Freikörperbilder und die ihnen folgenden Aufgaben, besonders Aufgabe 1.2g.

c) Schreiben Sie das (ggf. korrigierte) Momentengleichgewicht für die folgenden Systeme in Orientierung I noch einmal auf:

- Gesamtsystem

- Einzelsystem Balken

d) Identifizieren Sie in den Gleichungen in c) alle Größen mit gleichem Betrag und ermitteln Sie nun explizit das Moment, das der Reiter auf den Balken ausübt.

Betrachten Sie nun das Freikörperbild für den Reiter in Orientierung I in Abschnitt 1.3. Gibt das hier bestimmte Ergebnis das bei dem Freikörperbild für den Reiter in Orientierung I eingezeichnete Moment quantitativ richtig wieder?

e) Anhand welches der beiden Teilsysteme Reiter oder Balken lässt sich begründen, dass ein Unterschied zwischen den beiden Orientierungen wahrzunehmen ist?

Begründen sie nun mithilfe dieses Einzelsystems, warum Sie einen Unterschied verspüren sollten.

f) Für welche Aussagen oder Folgerungen sind die Freikörperbilder des Balkens von Interesse, für welche die des Reiters?

Lassen Sie sich nun von einer Tutorin oder einem Tutor ein Demonstrationsobjekt geben, und testen Sie Ihre Vermutungen.

g) An welchen der drei betrachteten Systeme ließen sich Ihre Beobachtungen am einfachsten erklären,

- am Gesamtsystem Balken und Reiter,
- am Einzelsystem Balken oder
- am Einzelsystem Reiter?

In den bisherigen Arbeitsblättern haben Sie in verschiedenen Situationen Kräfte sowie durch Kräfte erzeugte Momente und freie Momente betrachtet. Im vorliegenden Arbeitsblatt untersuchen wir, ob und wie die auf einen Körper wirkenden Kräfte und Momente durch andere Kräfte oder Momente ersetzt werden können.

1 Vergleich von Kräftesystemen

1.1 Resultierende Kräfte und Momente

Verschiedene Kräfte und Momente wirken auf einen ebenen Körper (siehe nachfolgende Abbildung).

a) Bestimmen Sie in den Situationen I bis IV die Vertikalkomponenten der resultierenden Kraft F_{res} auf den Körper und die resultierenden Momente $M_{\text{res}}^{(A)}$, $M_{\text{res}}^{(B)}$ und $M_{\text{res}}^{(C)}$ senkrecht zur Zeichenebene bezüglich der Punkte A, B und C.

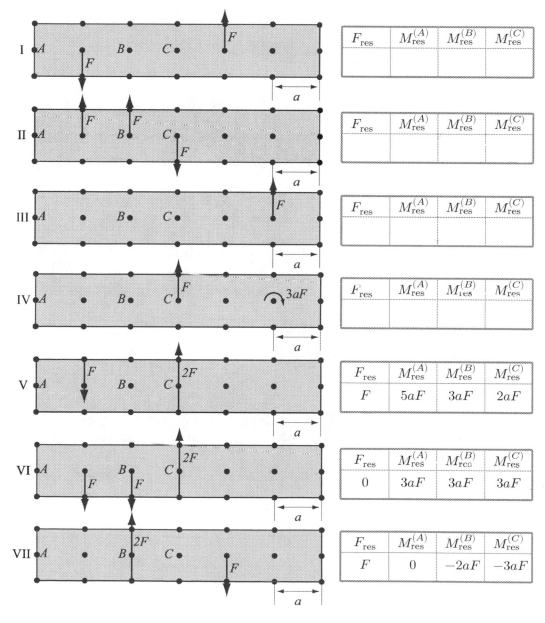

Situation I

F_{res}	$M_{\text{res}}^{(A)}$	$M_{\text{res}}^{(B)}$	$M_{\text{res}}^{(C)}$

Situation II

F_{res}	$M_{\text{res}}^{(A)}$	$M_{\text{res}}^{(B)}$	$M_{\text{res}}^{(C)}$

Situation III

F_{res}	$M_{\text{res}}^{(A)}$	$M_{\text{res}}^{(B)}$	$M_{\text{res}}^{(C)}$

Situation IV

F_{res}	$M_{\text{res}}^{(A)}$	$M_{\text{res}}^{(B)}$	$M_{\text{res}}^{(C)}$

Situation V

F_{res}	$M_{\text{res}}^{(A)}$	$M_{\text{res}}^{(B)}$	$M_{\text{res}}^{(C)}$
F	$5aF$	$3aF$	$2aF$

Situation VI

F_{res}	$M_{\text{res}}^{(A)}$	$M_{\text{res}}^{(B)}$	$M_{\text{res}}^{(C)}$
0	$3aF$	$3aF$	$3aF$

Situation VII

F_{res}	$M_{\text{res}}^{(A)}$	$M_{\text{res}}^{(B)}$	$M_{\text{res}}^{(C)}$
F	0	$-2aF$	$-3aF$

b) Teilen Sie die Situationen I bis VII so in Gruppen ein, dass Situationen, die sowohl gleiche resultierende Kräfte als auch gleiche Momente bezüglich jedes der gewählten Bezugspunkte haben, in einer Gruppe sind.

© Springer-Verlag GmbH Deutschland, ein Teil von Springer Nature 2018

C. Kautz et al., *Tutorien zur Technischen Mechanik*, https://doi.org/10.1007/978-3-662-56758-6_5

1.2 Gleichgewicht und Äquivalenz

Betrachten Sie nun noch einmal Situation II.

a) Welche Richtung und welchen Betrag muss eine *zusätzliche* Kraft auf den Körper haben, um *Kräfte*gleichgewicht zu erreichen?

b) Lässt sich der Angriffspunkt dieser Kraft im betrachteten Fall so wählen, dass zudem das *Momenten*gleichgewicht bezüglich Punkt A erfüllt ist?

Wenn ja, zeichnen Sie die Kraft am entsprechenden Ort in der Abbildung rechts ein. Wenn nein, begründen Sie, warum dies nicht möglich ist.

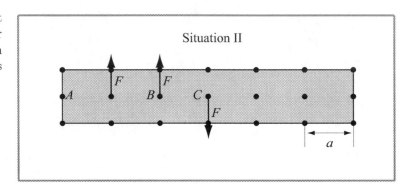

c) Befindet sich der Körper mit der in a) und b) gewählten Kraft (auch) im Momentengleichgewicht bezüglich

- Punkt B?

- Punkt C?

d) Lassen Sie nun die gleiche Kraft mit dem gleichen Angriffspunkt wie in a) und b) jeweils an den beiden Körpern angreifen, die Sie in Aufgabe 1.1b mit Situation II zusammengruppiert haben. Besteht für diese Körper

- Kräftegleichgewicht?

- Momentengleichgewicht bezüglich der Punkte A, B und C?

WICHTIG: Zwei Kräftesysteme heißen *äquivalent*, wenn die zugehörigen resultierenden Kräfte und Momente gleich sind. In der Statik ergibt sich daraus, dass äquivalente Kräftesysteme durch *gleiche* Kräfte und/oder Momente so ergänzt werden können, dass sich der betrachtete Körper jeweils insgesamt im Gleichgewicht befindet.

2 Äquivalente Kräftesysteme

2.1 Ersetzen eines freien Moments durch eine Kraft?

Ein Student bearbeitet die Aufgabe, für das gegebene System VIII ein äquivalentes System IX anzugeben, und begründet seine Lösung wie folgt:

„Mein System IX ist zu dem gegebenen System VIII äquivalent, da wegen $\vec{M} = \vec{d} \times \vec{F}$ das Moment von 12 Nm bezüglich P durch eine Kraft von 3 N im Abstand $d = 4$ m von P ersetzt werden kann."

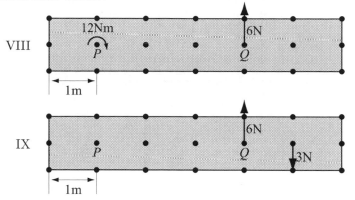

a) Stimmen Sie dieser Aussage zu? Begründen Sie.

b) Vergleichen Sie die resultierenden Kräfte der beiden Systeme.

c) Vergleichen Sie die resultierenden Momente der beiden Systeme bezüglich Q.

d) Ist es möglich, ein freies Moment durch eine Einzelkraft an einem (gezielt gewählten) Angriffspunkt zu ersetzen? Begründen Sie.

→ Diskutieren Sie Ihre Antworten in Abschnitt 2.1 mit einer Tutorin oder einem Tutor.

2.2 Ersetzen durch Einzelkraft

a) Für welche der Situationen I bis VII in Abschnitt 1.1 ist es möglich, die Kräfte und freien Momente durch nur eine Einzelkraft zu ersetzen, sodass ein äquivalentes System entsteht?

Bestimmen Sie diese Einzelkraft und deren Angriffspunkt für diejenigen Fälle, für die es möglich ist.

b) Begründen Sie, warum das Ergebnis aus a) für Kräftesysteme, deren resultierende Kraft verschwindet, nicht zutrifft.

2.3 Konstruktion von äquivalenten Kräftesystemen

a) Zeichnen Sie in die nachfolgenden Abbildungen jeweils ein Kräftesystem ein, das dem System VIII aus Abschnitt 2.1 äquivalent ist, sodass

- genau *eine* Einzelkraft auftritt:

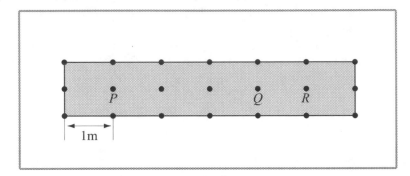

- genau eine nach unten gerichtete Kraft von $3\,\mathrm{N}$ am Punkt R sowie eine weitere Einzelkraft auftritt:

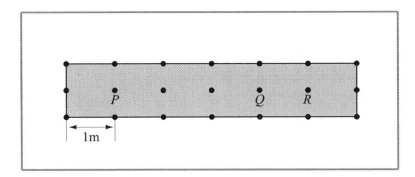

b) War es nötig, das resultierende Moment bezüglich *aller* drei Punkte A, B und C zu vergleichen, um die Äquivalenz der Systeme I bis VII in Abschnitt 1.1 zu prüfen? Wenn ja, warum? Wenn nein, wie viele sind ausreichend, wenn die resultierende Kraft bekannt ist?

Im vorliegenden Arbeitsblatt untersuchen wir, welche Aspekte der Lagerung eines Körpers dafür relevant sind, ob die auftretenden Lagerreaktionen die Gleichgewichtsbedingungen erfüllen und eindeutig bestimmt werden können. Um der Komplexität vieler technischer Situationen Rechnung zu tragen, führen wir zunächst eine vereinfachte Notation für Kräfte ein.

1 Lager und Lagerwertigkeit

1.1 Vereinfachte Notation für Lagerreaktionen

Ein Dachfenster ist so im Dach eines Hauses befestigt, dass es sich beim Öffnen um ein (als reibungsfrei angenommenes) Scharnier an seinem oberen Rand dreht. Eine Person hält das Fenster mithilfe einer langen Stange halb geöffnet (siehe Abbildung).

a) Zeichnen Sie ein Freikörperbild für das Fenster. Kennzeichnen Sie alle Kräfte entsprechend der Konvention in Arbeitsblatt 1 (*Kräfte*).

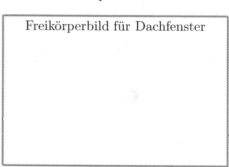

Freikörperbild für Dachfenster

b) Für welche der auftretenden Kräfte sind die Richtungen unmittelbar ersichtlich? Für welche Kräfte konnten Sie nur eine ungefähre Richtung einzeichnen?

c) Nehmen Sie an, Betrag und Richtung der Kraft, welche die Stange auf das Fenster ausübt, werden nun so variiert, dass sich ein anderer Neigungswinkel des Fensters einstellt, das Fenster jedoch wieder in Ruhe ist.

In welchem Bereich kann die Richtung der Kraft des Scharniers auf das Fenster variieren?

Kann an dieser Stelle ein Moment auf das Fenster ausgeübt werden?

WICHTIG: In komplexeren mechanischen Situationen ist die Richtung der auftretenden Kräfte oder Momente häufig erst nach der vollständigen rechnerischen Lösung bekannt. Dies gilt vor allem für Lagerkräfte und -momente, die sich nach Betrag und Richtung bzw. Vorzeichen so einstellen, dass der gelagerte Körper im Gleichgewicht ist. Um die Situation dennoch vor der Berechnung angemessen bildlich darzustellen, werden in der technischen Mechanik in der Regel alle *möglichen* Lagerreaktionen dargestellt, d. h. alle Lagerreaktionen, die vom gegebenen Lager auf den betrachteten Körper ausgeübt werden können. Für Kräfte geschieht dies durch Pfeile entlang der Koordinatenrichtungen, welche deren x- bzw. y- oder z-Komponenten darstellen und mit einer Variable, z. B. A_x, bezeichnet werden; für Momente entsprechend mit gekrümmten Pfeilen. Die Variable kann nach erfolgter Rechnung einen positiven oder negativen Wert annehmen.

d) Zeichnen Sie erneut ein Freikörperbild für das Fenster. Stellen Sie die Kräfte des Scharniers auf das Fenster entsprechend der neuen Konvention dar.

Freikörperbild für Dachfenster nach neuer Konvention

e) Erläutern Sie die Bedeutung eines Pfeils in dem Freikörperbild nach dieser Konvention. Inwiefern unterscheidet sie sich *grundsätzlich* von der in den zuvor gezeichneten Freikörperbildern?

f) Wie müssten Sie nun in einem Freikörperbild für das Scharnier die Kraft des Dachfensters auf das Scharnier darstellen?

C. Kautz et al., *Tutorien zur Technischen Mechanik*, https://doi.org/10.1007/978-3-662-56758-6_6

1.2 Lagerwertigkeit

WICHTIG: Die Lagerwertigkeit eines Lagers bezeichnet die Anzahl der Bewegungsmöglichkeiten durch Translation entlang der Raumrichtungen oder durch Rotation, die durch das Lager *verhindert* werden. Sie gibt damit auch die Anzahl der möglichen unabhängigen Lagerreaktionen des Lagers an.

a) Welche Lagerwertigkeit hat das Scharnier in Abschnitt 1.1?

b) Was müsste passieren, um es zu einem dreiwertigen Lager werden zu lassen?

2 Lagerreaktionen am Balken

2.1 Balken mit Fest- und Loslager

Ein masseloser, dünner Balken der Länge ℓ ist am linken Ende mit einem Festlager, am rechten mit einem Loslager befestigt. Im Abstand $\ell/4$ vom rechten Ende des Balkens greift eine Kraft F im Winkel von 30° zur Horizontalen an (siehe Abbildung).

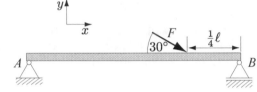

a) Skizzieren Sie ein Freikörperbild für den Balken. Zeichnen Sie dabei alle Lagerreaktionen ein, welche die jeweiligen Lager ausüben können.

b) Bestimmen Sie die Lagerwertigkeiten beider Lager.

Freikörperbild für Balken
mit Fest- und Loslager

c) Stellen Sie die Gleichgewichtsbedingungen für den Balken auf.

d) Ist es möglich, mithilfe der von Ihnen angegebenen Gleichgewichtsbedingungen, alle Lagerreaktionen eindeutig zu bestimmen? Wenn nein, stellen Sie weitere Gleichgewichtsbedingungen auf.

e) Bestimmen Sie die Lagerreaktionen.

WICHTIG: Für das betrachtete System konnten die Lagerreaktionen eindeutig aus den Gleichgewichtsbedingungen bestimmt werden. In einem solchen Fall wird das System *statisch bestimmt* genannt.

f) Was würde sich an den Lagerreaktionen ändern, wenn die Kraft F statt in einem Winkel von 30° nun senkrecht von oben auf den Balken wirken würde?

Was würde sich an den Lagerwertigkeiten ändern? Was schließen Sie daraus für die Darstellung des Lagers im Freikörperbild bei geänderter Belastung?

WICHTIG: Im Freikörperbild werden Lager durch die an ihnen möglichen Lagerreaktionen ersetzt. Eine mögliche Lagerreaktion wird also auch dann eingezeichnet, wenn sich aufgrund der Rechnungen ergibt, dass sie bei den gegebenen, eingeprägten Kräften gleich null ist.

2.2 Balken mit zwei Festlagern

Der gleiche Balken ist nun an beiden Enden durch je ein Festlager befestigt (siehe Abbildung).

a) Skizzieren Sie ein Freikörperbild für den Balken.

b) Bestimmen Sie die Summe aller Lagerwertigkeiten.

Freikörperbild für Balken
mit zwei Festlagern

c) Stellen Sie die Gleichgewichtsbedingungen auf.

d) Bestimmen Sie, soweit möglich, die Lagerreaktionen.

Ist es möglich, mithilfe der Gleichgewichtsbedingungen alle Lagerreaktionen eindeutig zu bestimmen?

e) Können alle Gleichgewichtsbedingungen erfüllt werden? Wenn ja, geben Sie eine mögliche Kombination von Werten für die verbleibenden Lagerreaktionen an.

WICHTIG: Das betrachtete System wird als *statisch unbestimmt* bezeichnet, da es keine eindeutige Lösung für die Lagerreaktionen gibt.

f) Welche praktische Konsequenz ergibt sich aus der Tatsache, dass das System statisch unbestimmt ist?

2.3 Balken mit zwei Loslagern

Der gleiche Balken ist nun an beiden Enden durch
je ein Loslager befestigt (siehe Abbildung).

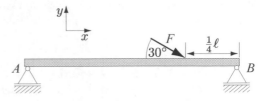

a) Skizzieren Sie ein Freikörperbild für den Balken.

b) Bestimmen Sie die Summe aller Lagerwertigkeiten.

> Freikörperbild für Balken
> mit zwei Loslagern

c) Stellen Sie die Gleichgewichtsbedingungen auf.

d) Bestimmen Sie, soweit möglich, die Lagerreaktionen.

   Ist es möglich, mit den Gleichgewichtsbedingungen alle Lagerreaktionen eindeutig zu bestimmen?

e) Können alle Gleichgewichtsbedingungen erfüllt werden? Wenn nein, welche lassen sich nicht erfüllen?

WICHTIG: Das betrachtete System wird als *kinematisch unbestimmt* bezeichnet, da seine Lage durch
die Lagerung nicht eindeutig festgelegt ist. Bei den gegebenen, eingeprägten Kräften hat dies darüber
hinaus zur Folge, dass nicht alle Gleichgewichtsbedingungen erfüllt werden können. Die beiden zuvor
betrachteten Systeme werden als *kinematisch bestimmt* bezeichnet, da ihre jeweilige Lage eindeutig
festgelegt war.

f) Welche praktische Konsequenz ergibt sich aus der Tatsache, dass das System kinematisch unbestimmt
   ist?

WICHTIG: Bei den hier betrachteten Systemen ließ sich die Lösbarkeit aus der Summe der Lagerwertigkeiten bestimmen. Es ist jedoch möglich, Systeme zu entwerfen, für die sich nicht alle Lagerreaktionen
eindeutig bestimmen lassen, obwohl die Summe der Lagerwertigkeiten gleich der Anzahl der Gleichgewichtsbedingungen ist. Die Gleichheit ist also nur eine notwendige, aber keine hinreichende Bedingung
für die eindeutige Lösbarkeit des Systems.

Systeme aus gelenkig verbundenen Stäben werden häufig als Fachwerke bezeichnet. Im vorliegenden Arbeitsblatt lernen Sie hierfür zwei typische Lösungsverfahren kennen und wenden diese an. Zuvor soll jedoch untersucht werden, worin die üblicherweise getroffenen Voraussetzungen bei derartigen Systemen begründet sind.

1 Zweikraftsysteme

1.1 Gelenkig verbundener Körper

Ein ebener Teilkörper eines komplexen Systems ist an zwei Punkten A und B gelenkig gelagert beziehungsweise mit einem anderen Körper verbunden, sodass an diesen Punkten nur Kräfte, jedoch keine Momente auftreten (siehe Abbildung). Das Gewicht des Körpers ist zu vernachlässigen.

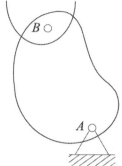

Skizzieren Sie im Folgenden schrittweise ein Freikörperbild für den Körper. Verwenden Sie dazu nicht die Komponentendarstellung der auftretenden Kräfte wie z. B. in Arbeitsblatt 6 (*Lager und Bestimmtheit*), sondern stellen Sie jede Kraft als *einen* Vektor dar, dessen genaue Richtung ggf. noch unbekannt ist.

a) Zeichnen Sie zunächst nur an Punkt B eine Kraft des Gelenks auf den Teilkörper in beliebiger (d. h. noch unbekannter) Richtung ein.

b) In welche Richtung muss die Kraft auf den Körper am *unteren* Lager wirken, um *Kräfte*gleichgewicht zu erreichen?

c) Ist durch die eingezeichneten Kräfte das *Momen-ten*gleichgewicht ebenfalls erfüllt?

Freikörperbild für Körper

d) Ließen sich Kräfte- und Momentengleichgewicht gleichzeitig erfüllen, wenn Sie die Kraft auf den Teilkörper in eine bestimmte andere Richtung gewählt hätten?

e) Welche Richtungen müssen die beiden Kräfte haben, wenn Kräfte- und Momentengleichgewicht gleichzeitig erfüllt sein sollen und weiterhin keine sonstigen Kräfte oder freien Momente auf den Körper wirken?

Was muss dann für die Beträge der beiden Kräfte gelten?

Tragen Sie die Kräfte entsprechend Ihrer Antwort *farbig* in Ihr ursprüngliches Freikörperbild ein.

1.2 Zusammenfassung und Verallgemeinerung

Fassen Sie Ihre Ergebnisse aus Abschnitt 1.1 zusammen.

a) Welche Richtung besitzen die Kräfte, die ein an zwei Stellen gelenkig verbundener Körper ohne Eigengewicht auf die beiden Gelenke ausübt, wenn er sich im Gleichgewicht befindet?

b) Gilt Ihre Schlussfolgerung aufgrund der Bedingungen an auftretende Lasten und Lagerung oder aufgrund der besonderen Form des Körpers?

© Springer-Verlag GmbH Deutschland, ein Teil von Springer Nature 2018
C. Kautz et al., *Tutorien zur Technischen Mechanik*, https://doi.org/10.1007/978-3-662-56758-6_7

Wie lässt sich der Körper auf eine möglichst einfache Form reduzieren, ohne ihn in seiner Funktion im Hinblick auf die hier auftretenden Kräfte einzuschränken?

2 Fachwerke

Mit dem Begriff *Fachwerk* oder Stabwerk bezeichnet man ein Tragwerk aus masselosen, geraden Stäben, die an den Enden gelenkig verbunden sind. Die Punkte, an denen zwei oder mehr Stäbe miteinander verbunden sind, heißen *Knoten* oder Knotenpunkte.

Für das rechts abgebildete Fachwerk aus sieben gleich langen Stäben sollen im Folgenden bestimmt werden:

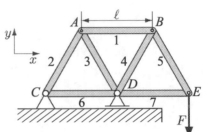

- die Beträge der Kräfte in den einzelnen Stäben,

- ob die Stäbe unter Zug oder unter Druck stehen,

- die Lagerkräfte in den beiden Lagern.

2.1 Vorbetrachtungen

a) Für welche dieser drei Problemstellungen reicht es aus, das gesamte Fachwerk als einen Körper zu betrachten?

Bestimmen Sie die entsprechenden Größen. Ist dies auch ohne formale Rechnung möglich?

b) Versuchen Sie, für jeden einzelnen Stab anzugeben, ob er auf Zug oder auf Druck belastet ist, und tragen Sie Ihre Vermutungen in die folgende Tabelle ein.

Stab	1	2	3	4	5	6	7
Vermutung							
Ergebnisse aus Aufgabe 2.2h							

2.2 Schrittweise Anwendung des Knotenpunktverfahrens

Zeichnen Sie im Folgenden Freikörperbilder für die einzelnen Knoten entsprechend der im Lehrbuch bzw. in der Vorlesung verwendeten Konvention (also unabhängig von Ihrer Vermutung bezüglich Zug- oder Druckbelastung).

a) Mit welchem Knoten ist es sinnvoll zu beginnen? Begründen Sie Ihre Antwort.

b) Zeichnen Sie für den von Ihnen gewählten Knoten ein Freikörperbild.

c) Erläutern Sie (ohne Rechnung), wie es möglich ist, beide auf den Knoten wirkenden Stabkräfte ohne Betrachtung eines weiteren Knotens zu bestimmen.

> Freikörperbild für Knoten

d) Stellen Sie die Gleichgewichtsbedingungen für den von Ihnen gewählten Knoten auf.

Warum mussten Sie keine Gleichgewichtsbedingung für die Momente aufstellen?

e) Bestimmen Sie die Beträge der am Knoten angreifenden Kräfte und geben Sie an, ob die jeweiligen Stäbe auf Druck oder Zug belastet sind.

f) Erläutern Sie, warum Sie zur Bestimmung der Stabkräfte zwar Freikörperbilder für einzelne Knoten zeichnen mussten, jedoch keine für einzelne Stäbe.

→ Fahren Sie mit Abschnitt 2.3 fort. Die folgenden Aufgaben g) bis i) können zu Hause bearbeitet werden.

g) Wiederholen Sie die obigen Schritte an weiteren Knoten und bestimmen Sie auf diese Weise die Kräfte in allen Stäben.

h) Tragen Sie Ihre Ergebnisse hinsichtlich Zug- und Druckbelastung in Aufgabe 2.1b ein.

i) Ist es zur korrekten Lösung der Aufgabe notwendig, die Orientierungen der Kräfte richtig anzunehmen?

WICHTIG: Das hier verwendete Verfahren zur Bestimmung der Stabkräfte wird als *Knotenpunktverfahren* bezeichnet. Ein schrittweises Lösen wie hier ist jedoch nicht immer möglich. Im Allgemeinen liefert das Verfahren ein lineares Gleichungssystem, das dann mit den üblichen Methoden gelöst werden kann.

2.3 Ritter'sches Schnittverfahren

In den folgenden Aufgaben sollen mittels eines Schnittes durch ein Fachwerk Stabkräfte bestimmt werden. Betrachten Sie dazu noch einmal das in Abschnitt 2 dargestellte Fachwerk. Durchtrennen Sie in Gedanken die Stäbe 1, 4 und 7 entlang der eingezeichneten Schnittlinie.

a) Welche Schnittgrößen, d. h. Kräfte oder Momente, müssen Sie an den drei Schnittstellen ergänzen, um das rechte Teilsystem im Gleichgewicht zu belassen?

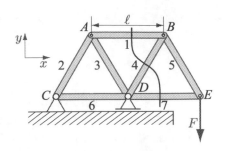

Zeichnen Sie diese Größen für das rechte Teilsystem in das Freikörperbild unten ein.

b) Welche der eingezeichneten Schnittkräfte lassen sich aus dem Kräftegleichgewicht in vertikaler Richtung bestimmen?

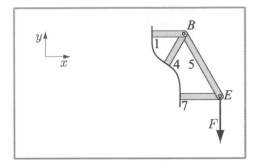

c) Welche der eingezeichneten Schnittkräfte lassen sich aus dem Momentengleichgewicht bezüglich Punkt B bestimmen?

d) Durch welche der folgenden Gleichgewichtsbedingungen kann die noch nicht ermittelte Schnittkraft bestimmt werden? Begründen Sie Ihre Antwort, ohne diese Schnittkraft zu berechnen.

- Ein weiteres Kräftegleichgewicht.
- Das Momentengleichgewicht bezüglich A.
- Das Momentengleichgewicht bezüglich D.

WICHTIG: In dem oben gewählten Schnitt durch das Fachwerk haben Sie gedanklich drei Stäbe durchtrennt, die nicht alle an einem Knoten miteinander verbunden sind. Dieses Verfahren zur Bestimmung von Stabkräften wird nach August Ritter als *Ritter'sches Schnittverfahren* bezeichnet.

e) Warum dürfen bei diesem Verfahren höchstens drei Stäbe durchtrennt werden, sofern alle Kräfte in den durchtrennten Stäben bestimmt werden sollen?

Überprüfen Sie Ihre Antwort, indem Sie die Stäbe 2, 3, 4 und 7 durchtrennen und die Gleichgewichtsbedingungen für das rechte (obere) Teilsystem aufstellen.

f) Warum dürfen bei diesem Verfahren nicht drei Stäbe, die an einem Knoten miteinander verbunden sind, durchtrennt werden?

Überprüfen Sie Ihre Antwort, indem Sie die Stäbe 1, 4 und 6 durchtrennen und die Gleichgewichtsbedingungen für das rechte (obere) Teilsystem aufstellen.

Versuchen Sie dazu auch, mithilfe des Momentengleichgewichts bezüglich eines *anderen* Punktes als des gemeinsamen Knotens eine Lösung für die Schnittkräfte zu bestimmen.

Reibung an der Grenzfläche zwischen zwei Körpern kann sowohl dann auftreten, wenn sich die beiden Körper relativ zueinander bewegen, als auch, wenn sie relativ zueinander in Ruhe sind. Auch wenn nur der letztere Fall in den Bereich der Statik fällt, soll hier untersucht werden, wie sich die beiden Fälle hinsichtlich der Bestimmung der auftretenden Kräfte unterscheiden.

1 Haftreibung und Gleitreibung

1.1 Kiste im Gleichgewicht

Eine Kiste mit Masse 24 kg steht auf dem Boden (siehe Abbildung). Peter versucht, die Kiste nach rechts zu schieben. Die Kiste bewegt sich jedoch nicht.

Der Haftreibungskoeffizient zwischen Boden und Kiste beträgt $\mu_H = 0{,}5$; der Gleitreibungskoeffizient $\mu_G = 0{,}4$.

a) Skizzieren Sie ein Freikörperbild für die Kiste.

b) Peter übt eine horizontale Kraft von 80 N auf die Kiste aus. Bestimmen Sie die Beträge aller anderen auf die Kiste wirkenden Kräfte. (*Hinweis:* Verwenden Sie zur Vereinfachung näherungsweise $g \approx 10\,\mathrm{m/s^2}$.)

Freikörperbild für Kiste

c) Bestimmen Sie die auf die Kiste wirkende resultierende Kraft.

d) Ist Ihr Ergebnis aus c) mit dem Bewegungszustand der Kiste vereinbar? Wenn nicht, lösen Sie den Widerspruch auf.

e) Sind Ihre Ergebnisse aus b) und c) mit der allgemeinen „Formel" für die Haftreibungskraft vereinbar? Wenn nicht, lösen Sie den Widerspruch auf.

1.2 Vergrößerung der eingeprägten Kraft

a) Peter drückt nun mit 100 N nach rechts. Was ändert sich?

Bestimmen Sie die auf die Kiste wirkenden Kräfte.

Welche Art von Reibungskraft tritt in diesem Fall auf? Haben Sie dies in Ihrer Rechnung verwendet?

b) Peter drückt nun mit 150 N nach rechts. Was ändert sich?

Bestimmen Sie die auf die Kiste wirkenden Kräfte.

Welche Art von Reibungskraft tritt in diesem Fall auf? Haben Sie dies in Ihrer Rechnung verwendet?

© Springer-Verlag GmbH Deutschland, ein Teil von Springer Nature 2018
C. Kautz et al., *Tutorien zur Technischen Mechanik*, https://doi.org/10.1007/978-3-662-56758-6_8

c) Erläutern Sie, warum das Relationszeichen in der in Aufgabe 1.1e erwähnten „Formel" ein Ungleichheitszeichen ist.

d) In welchen der obigen Fällen haben Sie die tatsächliche Größe der Reibungskraft aus einer „Formel" für Reibungskräfte bestimmt, in welchen Fällen aus den Gleichgewichtsbedingungen?

2 Vergleich mit Lagerkräften

2.1 Lagerung mit Fest- und Loslager

Die Kiste ist nun mit einem Fest- und einem Loslager befestigt. Auf die Kiste wirkt eine eingeprägte Kraft von 600 N horizontal nach rechts (siehe Abbildung).

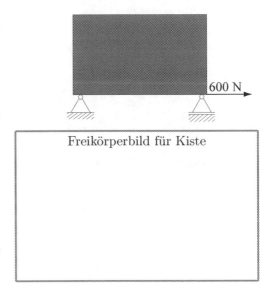

a) Skizzieren Sie ein Freikörperbild für die Kiste im nachfolgenden Zeichenfeld.

b) Bestimmen Sie die Beträge der auf die Kiste wirkenden horizontalen Kräfte.

Freikörperbild für Kiste

c) Mithilfe welcher Gleichung haben Sie die horizontale Lagerkraft bestimmt?

2.2 Einordnung von Haft- und Gleitreibung sowie Lagerkräften

a) In welchen der drei Fälle 1.1, 1.2a und 1.2b haben Sie die Reibungskraft auf vergleichbare Weise bestimmt wie die Lagerkraft in Aufgabe 2.1c? Welche zusätzliche Überlegung mussten Sie hierbei anstellen? In welchem der drei Fälle haben Sie die Reibungskraft auf eine deutlich andere Weise bestimmt?

b) Um welche Arten von Kräften handelt es sich jeweils?

WICHTIG: Die Haftreibungskraft ist, ähnlich der Lagerkraft, eine Reaktionskraft. Die Ungleichung $F_H \leq \mu_H F_N$ ist kein Kraftgesetz, sondern eine Betragsungleichung, mithilfe derer sich überprüfen lässt, ob die für das statische Gleichgewicht erforderliche Haftreibungskraft F_H unter dem aufgrund der Materialeigenschaften möglichen Grenzwert $\mu_H F_N$ liegt.

In diesem Arbeitsblatt werden Kräfte betrachtet, die im Zusammenhang mit Seilen auftreten. Dabei soll es unter anderem um die Frage gehen, wie der Begriff „Zugkraft im Seil" zu verstehen ist. Wie in den anderen Arbeitsblättern in Teil I (*Statik*) betrachten wir auch hier nur unbewegte Situationen. Kräfte, die im Zusammenhang mit Seilen in bewegten (und vor allem in beschleunigten) Situationen auftreten, werden in Arbeitsblatt 31 (*Kräfte in beschleunigten vs. statischen Situationen*) in Teil IV (*Kinetik*) betrachtet.

1 Seile

1.1 Seil mit nicht verschwindender Masse

Zwei Klötze, A und B, mit Massen $m_A < m_B$ sind durch ein dickes, als nicht dehnbar angenommenes Seil der Masse m_1, mit $m_1 < m_A$, miteinander verbunden. Klotz A ist mit einem Haken an der Decke befestigt (siehe Abbildung).

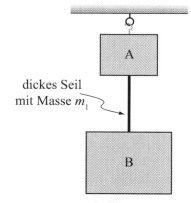

dickes Seil
mit Masse m_1

a) Skizzieren Sie jeweils ein Freikörperbild für Klotz A, für das Seil und für Klotz B. Kennzeichnen Sie die auftretenden Kräfte so, wie dies in den Arbeitsblättern 1 (*Kräfte*) und 2 (*Freie Momente*) eingeführt wurde, d. h., geben Sie jeweils die Art der Kraft, den Körper, auf den die Kraft wirkt, und den Körper, der die Kraft ausübt, an.

Freikörperbild für Klotz A	Freikörperbild für Seil	Freikörperbild für Klotz B

b) Tritt in den von Ihnen gezeichneten Freikörperbildern eine „Zugkraft im Seil" auf?

Wenn ja, lassen sich mehrere der eingezeichneten Kräfte mit diesem Begriff bezeichnen?

c) Kennzeichnen Sie sämtliche auftretenden Newton'schen Kräftepaare in Ihren Freikörperbildern mithilfe eines oder mehrerer Kreuze (×) an jedem der beiden Kräftepfeile eines Paares. Markieren Sie also beide Vektoren des ersten Paares durch ——×—▶, beide Vektoren des zweiten Paares durch ——×—×—▶ usw.

d) Stellen Sie die Gleichgewichtsbedingungen für das Seil auf.

e) Ordnen Sie alle acht Kräfte in den Diagrammen nach ihren Beträgen. Begründen Sie Ihre Antwort.

Heben Sie in Ihrer Aufstellung der Kräfte die Beziehung zwischen der Kraft von Klotz A auf das Seil und der Kraft von Klotz B auf das Seil hervor. Sind die Beträge dieser beiden Kräfte gleich?

© Springer-Verlag GmbH Deutschland, ein Teil von Springer Nature 2018
C. Kautz et al., *Tutorien zur Technischen Mechanik*, https://doi.org/10.1007/978-3-662-56758-6_9

1.2 Dünnes Seil

Die beiden Klötze aus Abschnitt 1.1 sind nun durch ein sehr dünnes, nicht dehnbares Seil der Masse m_2, mit $m_2 < m_1$, verbunden (siehe Abbildung).

a) Vergleichen Sie jeweils die in dieser Situation auftretende Kraft mit der entsprechenden Kraft in der Situation in Abschnitt 1.1 (und begründen Sie Ihre Antwort) für:

- die durch Klotz B auf das dicke bzw. dünne Seil ausgeübte Kraft,

- die durch Klotz A auf das dicke bzw. dünne Seil ausgeübte Kraft.

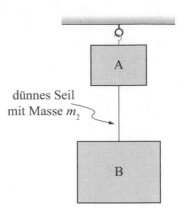

dünnes Seil
mit Masse m_2

Nehmen Sie nun an, die Masse des Seils zwischen Klotz A und B würde immer weiter verringert.

b) Wie ändern sich

- der Betrag der Gewichtskraft des Seils?

- die Beträge der durch die Klötze A und B auf das Seil ausgeübten Kräfte?

WICHTIG: Ein Seil übt auf jeden der beiden Körper, die an seinen Enden mit ihm verbunden sind, eine Kraft aus. In der idealisierten Vorstellung eines masselosen Seils, das mit keinem weiteren Körper in Kontakt ist, bezeichnet man den Betrag beider Kräfte oft als „Zugkraft im Seil".

c) Ist die Verwendung eines *einzigen Begriffs* („Zugkraft im Seil") für die Beträge beider Kräfte im Fall eines masselosen Seils gerechtfertigt? Begründen Sie Ihre Antwort.

Warum gilt dies nicht unbedingt, wenn das Seil (außer an seinen beiden Enden) noch mit weiteren Körpern in Kontakt ist?

d) Was lässt sich über die Richtungen der beiden Kräfte aussagen, die ein masseloses Seil auf die beiden Körper ausübt, die an seinen Enden mit ihm verbunden sind (sofern das Seil mit keinem weiteren Körper in Kontakt ist)?

2 Seile und Rollen

2.1 Rolle mit Reibung

Die nebenstehende Apparatur besteht aus zwei Klötzen geringfügig unterschiedlicher Massen, die durch ein masseloses Seil verbunden sind. Das Seil läuft über eine Rolle, die als masselos, aber *nicht reibungsfrei* gelagert angenommen wird, und haftet auf der Lauffläche der Rolle.

Es wird beobachtet, dass sich die beiden Klötze nicht bewegen.

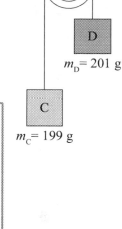

$m_D = 201$ g

$m_C = 199$ g

a) Skizzieren Sie Freikörperbilder für die Klötze C und D.

Freikörperbild für Klotz C	Freikörperbild für Klotz D

b) Vergleichen Sie die Beträge der durch das Seil auf die Klötze C und D ausgeübten Kräfte.

Ist Ihre Antwort mit dem Bewegungszustand der beiden Klötze vereinbar? Wenn nicht, lösen Sie den Widerspruch auf.

c) Skizzieren Sie ein Freikörperbild für das System bestehend aus Rolle und anliegendem Seilstück.

Haben Sie in Ihrem Freikörperbild Kräfte oder Momente eingezeichnet, die in der gegebenen Situation gleich null sind?

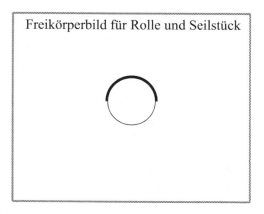

Freikörperbild für Rolle und Seilstück

d) Ist Ihr Freikörperbild mit dem Bewegungszustand der Rolle hinsichtlich der *Translationsbewegung* vereinbar? Begründen Sie.

e) Ist Ihr Freikörperbild mit dem Bewegungszustand der Rolle hinsichtlich der *Rotationsbewegung* vereinbar? Begründen Sie.

f) Welche der in Ihrem Freikörperbild eingezeichneten Kräfte und Momente setzen das Auftreten von Reibung zwischen Rolle und Lager voraus?

g) Ist es darüber hinaus notwendig, dass zwischen Seil und Lauffläche der Rolle Reibung auftritt?

2.2 Reibungsfreie Rolle

Zwei Körper unbekannten Gewichts sind durch ein masseloses Seil verbunden. Das Seil läuft über eine masselose Rolle (siehe Abbildung). Zwischen Rolle und Lager tritt *keine* Reibung auf. Die beiden Körper bleiben in Ruhe.

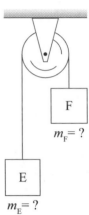

a) Welche Kräfte und Momente wirken in diesem Fall auf das System bestehend aus Rolle und anliegendem Seilstück?

   Vergleichen Sie Ihr Ergebnis mit dem Freikörperbild in Aufgabe 2.1c.

b) Welcher Art von Lager entspricht die Lagerung der Rolle?

c) Ist m_E *größer*, *kleiner* oder *gleich* m_F? Begründen Sie Ihre Antwort.

d) Haben die beiden Kräfte, die das Seil auf die beiden Körper E und F ausübt, in diesem Fall (wie beim masselosen Seil ohne Rolle) entgegengesetzte Richtungen?

WICHTIG: Eine *reibungsfreie* Rolle ist eine Rolle, bei der keine Reibung zwischen Rolle und Lager auftritt. Es wird davon ausgegangen, dass zwischen Seil und Lauffläche Reibung auftritt.

Bei einem masselosen Seil, das über eine masselose, reibungsfreie Rolle verläuft, gilt ebenfalls (wie beim masselosen Seil ohne Rolle), dass die Beträge der beiden an den Enden ausgeübten Kräfte gleich groß sind. Die Kräfte, die vom Seil auf die beiden verbundenen Körper ausgeübt werden, haben jedoch im Allgemeinen nicht entgegengesetzte Richtungen (wie beim Seil ohne Rolle).

In Teil II (*Elastostatik*) dieser Lehrmaterialien werden wir Verformungen von mechanischen Bauteilen beschreiben und bestimmen, die durch Spannungen im Inneren der Körper verursacht werden. Hierfür ist es hilfreich, zunächst Kräfte und Momente im Inneren von als starr angenommenen Körpern zu betrachten. Dies soll im vorliegenden und dem dann folgenden Arbeitsblatt geschehen.

1 Schnittgrößen am Kragbalken

Ein masseloser Balken der Länge ℓ ist an seinem linken Ende fest eingespannt (siehe Abbildung). Ein so gelagerter Balken wird häufig als *Kragbalken* bezeichnet. Mithilfe gedanklicher Schnitte sollen Aussagen über Kräfte und Momente gemacht werden, die *ein Teil* des Balkens *auf einen anderen* ausübt.

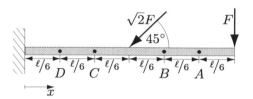

1.1 Gesamtkörper

Betrachten Sie zunächst den gesamten Körper.

a) Skizzieren Sie ein Freikörperbild für den Balken.

b) Bestimmen sie die Lagerreaktionen.

Freikörperbild für Balken

c) Sind irgendwelche der Lagerreaktionen in b) gleich null? Wenn ja, welche?

d) Begründen Sie anschaulich, warum ein Lagermoment auftreten muss.

1.2 Schnitt am Punkt A

Schneiden Sie den Balken in Gedanken senkrecht zur Balkenachse am Punkt A.

a) Skizzieren Sie ein Freikörperbild für den rechten Teilkörper.

b) Wirkt auf den rechten Teilkörper an der Schnittstelle eine vertikale Kraft (*Querkraft Q*)? Falls ja, durch welchen Körper wird sie ausgeübt, und in welche Richtung wirkt sie?

Freikörperbild für rechten Teilkörper

c) Wirkt auf den rechten Teilkörper an der Schnittstelle eine horizontale Kraft (*Normalkraft N*)? Falls ja, durch welchen Körper wird sie ausgeübt, und in welche Richtung wirkt sie?

d) Reichen die Kräfte aus b) und c), um ein Gleichgewicht des rechten Teilkörpers zu erzielen? Begründen Sie.

e) Wirkt auf den rechten Teilkörper an der Schnittstelle ein Moment (*Biegemoment M*)? Falls ja, durch welchen Körper wird es ausgeübt, und welche Orientierung hat es?

© Springer-Verlag GmbH Deutschland, ein Teil von Springer Nature 2018
C. Kautz et al., *Tutorien zur Technischen Mechanik*, https://doi.org/10.1007/978-3-662-56758-6_10

1.3 Schnitt am Punkt B

Machen Sie nun einen Schnitt am Punkt B anstatt am Punkt A. Die Abbildung des Balkens ist hier noch einmal eingefügt.

a) Was ändert sich im Freikörperbild für den rechten Teilkörper gegenüber dem in Aufgabe 1.2a?

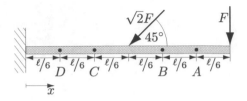

b) Vergleichen Sie die folgenden an der neuen Schnittstelle auftretenden Schnittgrößen mit denen in Abschnitt 1.2:

- Querkraft

- Normalkraft

- Biegemoment

1.4 Schnitt am Punkt C

Machen Sie nun einen Schnitt am Punkt C anstatt am Punkt B.

a) Skizzieren Sie ein Freikörperbild für den rechten Teilkörper.

b) Vergleichen Sie die an der neuen Schnittstelle auftretenden Schnittgrößen Q, N und M mit denen in den Abschnitten 1.2 und 1.3.

> Freikörperbild für
> rechten Teilkörper

WICHTIG: Für Schnittgrößen bei Schnitten senkrecht zur Balkenachse werden üblicherweise folgende Konventionen verwendet:
1. Die x-Achse verläuft entlang der Balkenlängsachse mit positiver Richtung nach rechts.
2. Der Normaleneinheitsvektor $\vec{e}_n$ auf der Schnittfläche zeigt vom Teilkörperinneren nach außen.
3. Das *positive* (*negative*) Schnittufer ist das Schnittufer, dessen Normalenvektor in die positive (negative) x-Richtung zeigt.
4. Die Pfeile für die Schnittgrößen im Freikörperbild werden am positiven (negativen) Schnittufer so eingezeichnet, dass sie in positive (negative) Koordinatenrichtungen zeigen.

Weiterhin gilt: Ein positiver Wert einer Größe gibt an, dass diese in Pfeilrichtung zeigt.

Konkret ergeben sich daraus bei der Koordinatenwahl wie in der Abbildung links die *positiven* Schnittgrößen an beiden Schnittufern wie dargestellt.

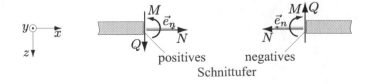

positives   negatives
Schnittufer

1.5 Anwendung der Vorzeichenkonvention

Wenden Sie die Vorzeichenkonvention bei der Bestimmung der Schnittgrößen an.

a) Bestimmen Sie zunächst die Schnittgrößen Querkraft Q, Normalkraft
N und Biegemoment M jeweils
in den Punkten A, B, C und D.
Tragen Sie die Werte in die Tabelle
ein und markieren Sie sie in den
Diagrammen.

	Q	N	M
A			
B			
C			
D			

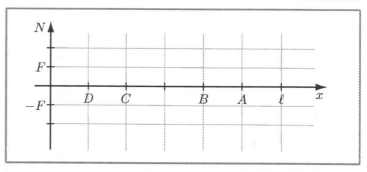

b) Skizzieren Sie nun die Verläufe der
Schnittgrößen als Funktion des Ortes x des (gedachten) Schnittes.

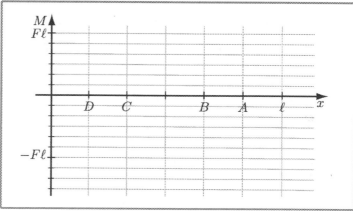

1.6 Verallgemeinerung

Im Folgenden betrachten wir den Verlauf verschiedener Größen zwischen zwei Punkten, an denen eingeprägte Kräfte nur quer zur Balkenrichtung und zwischen denen keine weiteren Kräfte auftreten. Jenseits
der beiden Punkte können beliebige Kräfte auftreten.

a) Welchen Verlauf hat die Querkraft im Balken

- zwischen den beiden Punkten?

- unmittelbar an einem Punkt, an dem eine eingeprägte Kraft auftritt?

b) Welchen Verlauf hat das Biegemoment im Balken

- zwischen den beiden Punkten?

- unmittelbar an einem Punkt, an dem eine eingeprägte Kraft auftritt?

2 Ergänzendes Beispiel mit Moment

Auf den Kragbalken aus Abschnitt 1 wirkt nun zusätzlich in der Mitte zwischen den Punkten D und C das Moment $M_0 = 2F\ell$ (siehe Abbildung).

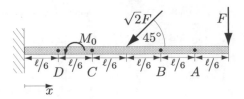

2.1 Schnittgrößen

a) Bestimmen Sie die Schnittgrößen in den Punkten A, B, C und D.

	Q	N	M
A			
B			
C			
D			

b) Skizzieren Sie jeweils den Verlauf der Schnittgrößen als Funktion des Ortes x des (gedachten) Schnittes.

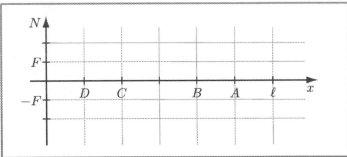

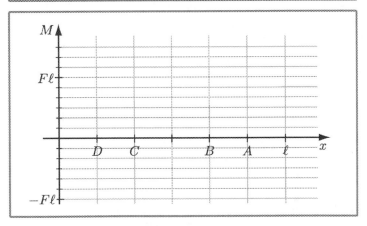

2.2 Lagerreaktionen

a) Welcher Zusammenhang besteht zwischen den Werten der Schnittgrößen am linken Balkenende und den auftretenden Lagerreaktionen? Gilt dieser Zusammenhang in entsprechender Weise auch am rechten Balkenende?

b) Ändern sich die Lagerreaktionen im Vergleich zu denen in Abschnitt 1.1? Wenn ja, wie?

c) Würden sich die Lagerreaktionen ändern, wenn das Moment verschoben würde? Würden sich die Schnittverläufe ändern? Begründen Sie.

In Arbeitsblatt 10 (*Schnittgrößen – Diskrete Lasten*) traten eingeprägte Kräfte immer nur an einzelnen Punkten auf. Wenn z. B. das Eigengewicht eines Balkens berücksichtigt werden soll, muss man jedoch auch Kräfte betrachten, die kontinuierlich über die gesamte Länge des Balkens verteilt wirken. Diese werden als *Streckenlasten* oder allgemeiner als *verteilte Lasten* bezeichnet.

1 Einzelkräfte und Streckenlast

1.1 Einzelkräfte

Auf einen masselosen Kragbalken der Länge ℓ wirken gleichmässig verteilt sechs Einzelkräfte vom Betrag $F/6$.

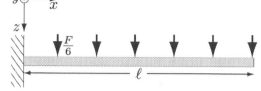

a) Skizzieren Sie ein Freikörperbild für den Balken.

b) Bestimmen Sie die Lagerreaktionen.

Freikörperbild für Balken

c) Skizzieren Sie den *ungefähren* Verlauf der Schnittgrößen Q und M als Funktion des Ortes x des (gedachten) Schnittes.

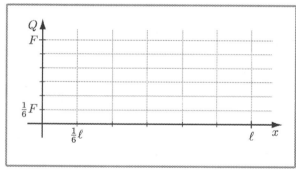

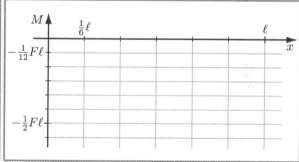

1.2 Streckenlast

a) Was ändert sich an den Graphen von Q und M, wenn statt sechs nun 12, bzw. 24 Einzelkräfte mit entsprechend geringerem Betrag wirken?

b) Welchen ungefähren Verlauf von Q und M erwarten Sie bei einer Streckenlast $q(x) = F/\ell$?

c) Vermuten Sie, dass eine der beiden Kurven die Ableitung der anderen darstellt? Wenn ja, welche von welcher?

d) Beschreiben Sie den Verlauf von q. Vermuten Sie, dass Q oder M die Ableitung von q ist oder umgekehrt?

© Springer-Verlag GmbH Deutschland, ein Teil von Springer Nature 2018
C. Kautz et al., *Tutorien zur Technischen Mechanik*, https://doi.org/10.1007/978-3-662-56758-6_11

WICHTIG: Es gelten die folgenden differentiellen Beziehungen zwischen der Streckenlast q, der Querkraft Q, und dem Biegemoment M:

$$\frac{\mathrm{d}Q}{\mathrm{d}x} = -q(x) \qquad (1) \qquad\qquad \frac{\mathrm{d}M}{\mathrm{d}x} = Q(x) \qquad (2)$$

e) Überprüfen und interpretieren Sie die Einheiten der in den obigen Beziehungen auftretenden Größen.

f) Sind diese Beziehungen mit Ihren Ergebnissen aus Abschnitt 1.6 in Arbeitsblatt 10 (*Schnittgrößen 1*) vereinbar?

2 Anwendung der differentiellen Beziehungen

2.1 Bestimmung der Last bei gegebenen Q und M

Ein nicht bekannt gelagerter, masseloser Balken der Länge ℓ habe folgende Verläufe der Querkraft und des Biegemoments:

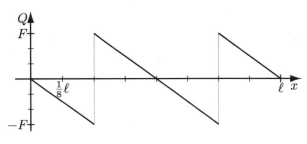

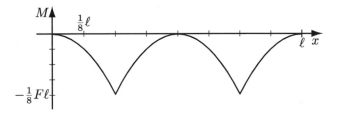

a) Überprüfen Sie qualitativ (abschnittsweise), dass Gleichung (2) erfüllt ist.

b) Berechnen Sie die Streckenlast q. Welche Gleichung haben Sie verwendet?

c) Skizzieren Sie ein Freikörperbild für den Balken.

d) Skizzieren Sie einen Balken mit Lagern und Belastung so, dass dessen Querkraft und Biegemoment den oben gegebenen entsprechen.

e) Ist die Lagerung des Balkens in Ihrer Skizze statisch bestimmt?

Sind auch andere statisch bestimmte Lagerungen möglich?

Freikörperbild für Balken

Skizze für Balken und Belastung

f) Berechnen Sie nun die Funktionen $Q(x)$ und $M(x)$ im Intervall $0 < x < \ell/4$.

3 Gelenkträger

Ein System besteht aus zwei gelenkig gekoppelten, masselosen Balken jeweils der Länge $\ell/2$. Das System ist am linken Ende fest eingespannt und am rechten Ende mit einem Loslager befestigt (siehe Abbildung). Es wirkt eine Streckenlast $q(x) = F/\ell$ auf das System.

3.1 Rechter Teilkörper

Betrachten Sie zunächst den rechten Teilkörper von Punkt B bis Punkt C.

a) Skizzieren Sie ein Freikörperbild für den rechten Teilkörper.

b) Welche Lagerreaktionen können am linken Ende des rechten Teilkörpers auftreten; welche sind durch das Gelenk ausgeschlossen?

Freikörperbild für rechten Teilkörper

c) Bestimmen Sie die auftretenden Kräfte und Momente am Loslager und Gelenk.

3.2 Linker Teilkörper

Betrachten Sie nun den linken Teilkörper von Punkt A bis Punkt B.

a) Skizzieren Sie ein Freikörperbild für den linken Teilkörper.

b) Bestimmen Sie die auftretenden Kräfte und Momente am Festlager und Gelenk.

Freikörperbild für linken Teilkörper

c) Welche Zusammenhänge mussten Sie zusätzlich zu den Gleichgewichtsbedingungen verwenden, um die Lagerreaktionen bestimmen zu können?

3.3 Schnittgrößenverläufe für das Gesamtsystem

a) Skizzieren Sie jeweils den Verlauf der Schnittgrößen Q, und M als Funktion des Ortes x des (gedachten) Schnittes.

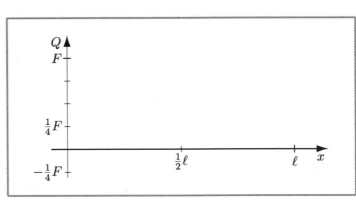

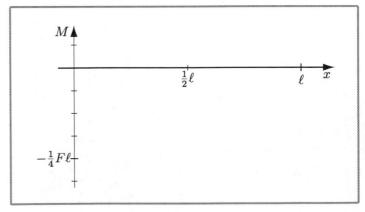

b) Welche Randbedingungen ergeben sich für den Verlauf der Schnittgrößen Q und M an der Stelle des Gelenks?

Sind diese Randbedingungen in Ihrer Zeichnung erfüllt?

Elastostatik

II

Bevor in den folgenden Arbeitsblättern Spannungen, Verzerrungen und Materialeigenschaften einzeln genauer betrachtet werden, soll hier zunächst für den eindimensionalen Fall die Verformung eines bestimmten Objekts aufgrund einer auftretenden Belastung im konkreten Zusammenhang untersucht werden.

1 Kräfte und Spannungen in einem Kegel unter Eigengewicht

Bei einem Architekturwettbewerb für ein Denkmal erhält der folgende Entwurf besondere Beachtung. Das vorgeschlagene Objekt ist ein stehender, gerader Kreiskegel aus einem Material homogener Dichte, dessen Spitze senkrecht nach oben zeigt. Im vorliegenden Arbeitsblatt soll die Verformung des Körpers unter seinem Eigengewicht bestimmt werden.

1.1 Vorüberlegungen

Drei Studierende diskutieren über die Spannungen und Verformungen in dem vorgeschlagenen Körper:

Laura: *„Die Spannung weiter unten in der Säule ist vom Betrag größer als weiter oben, da ein größerer Teil des Gewichts nach unten drückt."*

Augustin: *„Nein, die Normalkraft nimmt zwar nach unten hin zu. Da aber der Querschnitt ebenfalls zunimmt, bleibt die Spannung gleich."*

Jean Claude: *„Das lässt sich nicht allgemein entscheiden, da wir nicht wissen, wie stark die beiden Größen mit der Länge zunehmen."*

Laura: *„Ich glaube doch, dass die Spannung nach unten hin zunimmt. Aufgrund des Hooke'schen Gesetzes muss dann weiter unten auch die Dehnung größer sein."*

Augustin: *„Das kann aber nicht sein, denn die Verschiebung am unteren Ende ist gleich null."*

a) Welche der obigen fünf Aussagen (oder Teile davon) erscheinen Ihnen plausibel und welche nicht? Welche der angeführten Begründungen erscheinen Ihnen stichhaltig?

Diskutieren Sie Ihre Vermutungen anhand einer Skizze, *jedoch ohne detaillierte Rechnung.* Im weiteren Verlauf des Arbeitsblattes werden Sie die Gelegenheit haben, diese Fragen genauer zu untersuchen.

b) Geben Sie die Definition der Normalspannung an und erläutern Sie, wovon die darin auftretenden Größen im betrachteten Beispiel abhängen.

Lässt sich aufgrund der Definition ohne weitere Rechnung entscheiden, ob der Betrag der Normalspannung nach unten *zunimmt*, *abnimmt*, oder *gleich bleibt*?

1.2 Bestimmung der Normalkraft

Betrachten Sie den Kegel als einen Stab mit veränderlichem Querschnitt. An einem beliebigen Ort sollen nun ein Stabelement (d. h. eine waagerechte „Scheibe" des Kegels) herausgeschnitten und die Normalkraft und Normalspannung an diesem Element in Abhängigkeit vom Ort betrachtet werden.

Hinweis: Verwenden Sie dabei die übliche Konvention für Normalkräfte. Wählen Sie als vertikale Achse die z-Achse mit Ursprung an der Spitze des Kegels und positiver Richtung nach unten.

a) Skizzieren Sie ein Freikörperbild des aus dem Kegel ausgeschnittenen dünnen Stabelements (oben als „Scheibe" bezeichnet) am Ort z mit Dicke Δz.

b) Stellen Sie die Gleichgewichtsbedingungen auf.

Freikörperbild für Stabelement

© Springer-Verlag GmbH Deutschland, ein Teil von Springer Nature 2018
C. Kautz et al., *Tutorien zur Technischen Mechanik*, https://doi.org/10.1007/978-3-662-56758-6_12

c) Welche der auftretenden Größen sind *positiv*, welche *negativ?*

Nach der üblichen Konvention hat die Normalkraft bei Zugbelastung einen positiven, bei Druckbelastung einen negativen Wert. Sind die Kräfte, die Sie in das Freikörperbild eingezeichnet haben, mit dieser Konvention vereinbar?

d) Entspricht die Normalkraft $N(z)$ betragsmäßig dem Gewicht eines Teilkörpers? Wenn ja, welches Teilkörpers?

e) Geben Sie einen mathematischen Ausdruck für $N(z)$ an. (*Hinweis:* Im vorliegenden Fall kann die Normalkraft mithilfe einer einfachen Formel aus der Geometrie bestimmt werden. Es ist dabei nicht nötig, die Abhängigkeit der Querschnittsfläche $A(r)$ vom Radius explizit anzugeben.)

Überprüfen Sie Vorzeichen und Einheiten.

1.3 Bestimmung der Normalspannung

a) Geben Sie einen Ausdruck für die Normalspannung σ in Abhängigkeit von z an:

$$\sigma(z) =$$

Überprüfen Sie die Einheiten.

Interpretieren Sie das Vorzeichen und diskutieren Sie Ihr Ergebnis mit einer Tutorin oder einem Tutor.

b) Diskutieren Sie nun noch einmal die ersten drei Aussagen der Studierenden in Abschnitt 1.1.

2 Verformung des Kegels unter Eigengewicht

In diesem Abschnitt sollen Dehnungen und Verschiebungen abwechselnd allgemein (bzw. für ein einfaches Beispiel) und an dem konkreten Fall des Kegels betrachtet werden. Zur Unterscheidung verwenden wir ε, u und x für den allgemeinen Fall sowie ε, w und z für den Kegel.

2.1 Zusammenhang zwischen Dehnung und Verschiebung

a) Geben Sie anhand eines einfachen Beispiels eine Definition für die Dehnung ε an und erläutern Sie diese mit einer Skizze.

b) Die Dehnung kann allgemein auch mithilfe von Verschiebungen dargestellt werden. Geben Sie einen mathematischen Zusammenhang zwischen den beiden Größen ε und u an.

c) Erläutern Sie diesen Zusammenhang anhand Ihres Beispiels.

Inwiefern ist hier relevant, dass $u = u(x)$ eine Funktion von x ist?

2.2 Dehnung im Kegel

a) Welchen physikalischen Zusammenhang können Sie verwenden, um für den in Abschnitt 1 betrachteten Kegel die Dehnung ε an einer beliebigen Stelle zu bestimmen, obwohl die zugehörige Verschiebungsfunktion $w(z)$ noch nicht bekannt ist?

b) Geben Sie einen Ausdruck für die Dehnung ε in Abhängigkeit von z an:

$$\varepsilon(z) =$$

Enthält Ihr Ausdruck eine Größe, die mechanische Eigenschaften des Materials beschreibt? Wenn ja, tritt diese Größe im Zähler oder im Nenner Ihres Ausdrucks auf? Ist dies mit Ihrer Vorstellung von dieser Größe vereinbar?

c) Ist die Dehnung in z-Richtung im betrachteten Objekt überall gleich? Wenn nein, geben Sie an, wo betragsmäßig größere bzw. geringere Dehnungen auftreten.

Vergleichen Sie den verformten mit dem entsprechenden unverformten Körper (d. h. mit einem Kegel ohne Eigengewicht).

d) An welcher Stelle ist die Verschiebungsfunktion gleich null?

e) Erläutern Sie, wie es möglich ist, dass an einer Stelle des Körpers die Dehnung negativ, die Verschiebung jedoch gleich null ist.

Kennen Sie andere Beispiele für physikalisch interpretierbare Funktionen, die an einer bestimmten Stelle den Wert null haben, jedoch eine von null verschiedene Ableitung?

f) Was bedeutet es für die Verschiebungsfunktion, dass die Dehnung an dieser Stelle größer ist als an Orten weiter oben im Körper?

2.3 Verschiebungsfunktion bei gegebener Dehnung

a) Wie hängt im allgemeinen Fall bei einem Körper mit gegebener *gleichförmiger* Dehnung $\varepsilon(x) = \varepsilon_0$ die Verschiebung $u(x)$ vom Ort ab? Geben Sie einen mathematischen Zusammenhang an.

Setzt die von Ihnen angegebene Gleichung einen bestimmten Wert an einer bestimmten Stelle voraus? Wenn ja, welchen (und an welcher Stelle)?

Wie müssen Sie die Gleichung variieren, wenn z. B. in $x = 0$ eine bestimmte Verschiebung $u(0) \neq 0$ vorgegeben ist?

b) Drücken Sie die Differenz der Verschiebungen an den beiden Enden des Stabelements (d. h. der „Scheibe" des Kegels) durch die Dehnung $\epsilon(z)$ an der Stelle z aus:

$$w(z + \Delta z) - w(z) =$$

Formulieren Sie den Zusammenhang in Worten (d. h. nicht als mathematische Gleichung).

Warum gilt dieser Zusammenhang nur näherungsweise bzw. für kleine Werte von Δz?

c) Schreiben Sie die entsprechenden Gleichungen für die ersten drei Stabelemente der Dicke Δz, beginnend an der Stelle $z = 0$ untereinander. Was ergibt sich, wenn Sie die linken und rechten Seiten der Gleichungen addieren?

d) Bestimmen Sie nun das Integral $\int_0^H \varepsilon(z)\mathrm{d}z$, wobei H die gesamte Höhe des Kegels ist.

Interpretieren Sie diese Größe anhand Ihrer Antwort auf die vorige Frage. (*Hinweis:* Möglicherweise ist es hilfreich, sich die grafische Bedeutung eines Integrals klarzumachen. Beachten Sie zudem genau, welcher Ausdruck an die Stelle der linken Seite der Gleichung in c) tritt.)

e) Geben Sie nun die Verschiebung der Kegelspitze in Abhängigkeit der von Ihnen eingeführten Größen an. Beachten Sie dabei die Randbedingung aus Aufgabe 2.2d.

f) Überprüfen Sie Ihr Ergebnis für die Verschiebung der Kegelspitze in Bezug auf Einheiten, Vorzeichen, sowie die Plausibilität der darin enthaltenen Abhängigkeiten.

g) Skizzieren Sie qualitativ die Verläufe der Spannung $\sigma(z)$, der Dehnung $\epsilon(z)$ und der Verschiebung $w(z)$.

Lassen sich die oben verwendeten Zusammenhänge zwischen $\sigma(z)$ und $\epsilon(z)$ sowie zwischen $\epsilon(z)$ und $w(z)$ in Ihrem Diagramm erkennen?

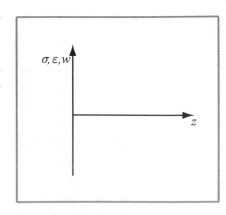

Im vorliegenden Arbeitsblatt soll anhand eines elementaren Beispiels deutlich werden, dass Normal- und Schubspannung bei Drehung des Koordinatensystems ihre Werte ändern. Durch Auftragen der beiden Komponenten gegeneinander wird eine grafische Darstellung des Spannungszustands konstruiert.

1 Schnittkräfte, Normalspannungen und Schubspannungen im einachsigen Spannungszustand

Ein masseloser Stab mit konstantem, quadratischem Querschnitt mit Querschnittsfläche A steht unter Zugbelastung, d. h., an seinen beiden Enden wirken einander entgegengesetzte Zugkräfte vom Betrag F (siehe Abbildung).

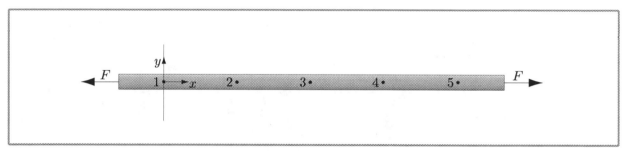

Mithilfe der Schnittkraftkomponenten (Normalkraft und Querkraft) sollen die Normalspannung und Schubspannung für Schnitte in verschiedenen Winkeln zur Längsachse des Stabes bestimmt und grafisch dargestellt werden. Drücken Sie alle Größen als Funktion der gegebenen Größen F und A sowie der nötigen Winkelfunktionen aus.

> WICHTIG: In Arbeitsblatt 10 (*Schnittgrößen – Diskrete Lasten*) wurden Schnittgrößen in einem dreidimensionalen Koordinatensystem betrachtet. Im vorliegenden ebenen Fall ist es üblich, ein x,y-Koordinatensystem zu wählen. Damit ergeben sich die positiven Richtungen der Schnittgrößen wie in der Abbildung rechts dargestellt.

positives
Schnittufer

1.1 Senkrechter Schnitt

Legen Sie die Schnittfläche senkrecht zur Längsachse wie in der Abbildung oben auf dieser Seite bei Punkt 1 angedeutet. Das sich daraus ergebende Koordinatensystem ist ebenfalls eingezeichnet.

a) Skizzieren Sie für die beiden Teilkörper jeweils ein Freikörperbild.

Freikörperbild für linken Teilkörper	Freikörperbild für rechten Teilkörper

b) Bestimmen Sie für diesen Schnitt die Normalkraft N und die Querkraft Q.

c) Bestimmen Sie aus N und Q die Normalspannung σ und die Schubspannung τ.

C. Kautz et al., *Tutorien zur Technischen Mechanik*, https://doi.org/10.1007/978-3-662-56758-6_13

ELASTOSTATIK
Ebener Spannungszustand

d) Zeichnen Sie mit den Werten aus c) einen Punkt in das nachfolgende Diagramm ein, in dem die Schubspannung τ gegen die Normalspannung σ aufgetragen ist. Wir bezeichnen diesen Punkt entsprechend dem Schnittwinkel zur Vertikalen mit $(\sigma_{0°}, \tau_{0°})$.

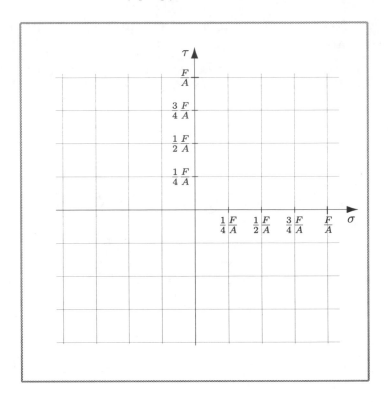

1.2 Schiefer Schnitt mit $30°$-Neigung zur Vertikalen

Drehen Sie nun die Schnittebene um $30°$ gegen den Uhrzeigersinn. Die Drehung der Schnittebene zieht die entsprechende Drehung des Koordinatensystems nach sich, sodass die x-Achse wieder senkrecht zur Schnittebene steht und einen Winkel von $30°$ mit der Längsachse des Balkens einschließt.

a) Tragen Sie diesen Schnitt sowie das neue Koordinatensystem an Punkt 2 in der Abbildung auf der vorigen Seite oben ein.

b) Welchen Betrag und welche Richtung hat die Kraft, die der rechte Teilkörper auf den linken Teilkörper *insgesamt* ausübt? Überprüfen Sie Ihre Antwort anhand eines Freikörperbildes des linken Teilkörpers.

> Freikörperbild für
> linken Teilkörper

c) Bestimmen Sie die Normalkraft und die Querkraft.

d) Bestimmen Sie den Betrag der neuen Schnittfläche A^*.

e) Bestimmen Sie die Normalspannung und die Schubspannung für diesen Schnitt. Markieren Sie dann den Punkt $(\sigma_{30°}, \tau_{30°})$ im Diagramm in Aufgabe 1.1d oben.

1.3 Schiefe Schnitte mit 45°- bzw. 60°-Neigung zur Vertikalen

a) Wiederholen Sie Aufgabe 1.2a bis 1.2e (ohne Freikörperbild) für Schnitte mit 45°- bzw. 60°-Neigung zur Vertikalen und tragen Sie Ihre jeweiligen Ergebnisse sowie die aus Abschnitt 1.1 und 1.2 in die folgende Tabelle ein.

	$F^{\text{li,re}}$	N	Q	A^*	σ	τ
senkrechter Schnitt						
30°						
45°						
60°						

b) Markieren Sie die Punkte $(\sigma_{45°}, \tau_{45°})$ und $(\sigma_{60°}, \tau_{60°})$ im Diagramm in Aufgabe 1.1d.

1.4 Grenzfall des horizontalen Schnittes

Betrachten Sie nun einen Schnitt, der nahezu parallel zur Stablängsachse liegt, also mit der Vertikalen einen Winkel von fast 90° ($90° - \delta$ für kleinen Winkel δ) einschließt. Lassen Sie den Winkel δ in Gedanken immer kleiner werden. (Stellen Sie sich dazu einen so langen Stab vor, dass die Stirnflächen an den Stabenden vom Schnitt nicht berührt werden.)

a) Tragen Sie diesen Schnitt am Punkt 5 ein.

b) Welche Kraft (Betrag und Richtung) übt der rechte Teilkörper auf den linken aus?

c) Nähert sich die Normalkraft dem Wert null, einem von null verschiedenen Wert, oder nimmt sie immer weiter zu, wenn der Winkel δ immer kleiner wird? Begründen Sie.

d) Nähert sich die Querkraft dem Wert null, einem von null verschiedenen Wert, oder nimmt sie immer weiter zu, wenn der Winkel δ immer kleiner wird? Begründen Sie.

e) Wie verändert sich die Schnittfläche, wenn der Winkel δ immer kleiner wird?

f) Bestimmen Sie die Normalspannung σ und die Schubspannung τ im Grenzfall $\delta \to 0$ und markieren Sie den Punkt $(\sigma_{90°}, \tau_{90°})$ im Diagramm in Aufgabe 1.1d.

2　Der Mohr'sche Spannungskreis

Die Punkte, die Sie im τ,σ-Diagramm in Aufgabe 1.1d eingezeichnet haben, liegen alle auf einem Kreis.

2.1　Interpretation

a) Stellen die verschiedenen Punkte auf dieser Kurve unterschiedliche Belastungen des Stabes oder unterschiedliche Beschreibungen *einer* Belastung dar? Begründen Sie.

b) Um welchen Winkel wandert der Punkt im Diagramm auf dem Kreis, wenn die Schnittebene um einen Winkel entgegen dem Uhrzeigersinn gedreht wird?

c) Vergleichen Sie die Richtungen der beiden Drehungen.

Überprüfen Sie auch, ob Ihr Lehrbuch oder Skript die gleichen Konventionen verwendet.

WICHTIG: Der Mohr'sche Spannungskreis visualisiert die Komponenten des Spannungstensors bei ebenem Spannungszustand für beliebige Drehungen des Koordinatensystems. Diese Art der Darstellung lässt sich auf andere Tensoren zweiter Stufe (wie z. B. den Verzerrungstensor oder den Trägheitstensor) übertragen. Die Darstellung solcher Tensoren durch Matrizen wird in Arbeitsblatt 15 (*Tensoreigenschaften von Spannung und Verzerrung*) untersucht.

2.2　Anwendung

Bei Erhöhung der Belastung wird der Stab irgendwann versagen.

a) Gehen Sie von der Annahme aus, dass dies (wie häufig bei duktilen Materialien) aufgrund einer Überschreitung der maximalen *Schub*spannung eintritt. Unter welchem Winkel zur Stabslängsachse wird im Falle des Versagens ein Riss auftreten? Begründen Sie.

b) Gehen Sie nun von der Annahme aus, dass dies (wie häufig bei spröden Materialien) aufgrund einer Überschreitung der maximalen *Normal*spannung eintritt. Unter welchem Winkel zur Stabslängsachse wird im Falle des Versagens ein Riss auftreten? Begründen Sie.

In diesem Arbeitsblatt soll ein Verfahren entwickelt werden, um Verformungen von Körpern zu beschreiben, die aufgrund mechanischer oder thermischer Belastungen auftreten. Auf den Zusammenhang zwischen Belastungen und Verformungen sowie die Verwendung dieser Beschreibung bei Torsion und Biegung wird in späteren Arbeitsblättern eingegangen.

1 Dehnungen

In den nachfolgenden Diagrammen sind einzelne, regelmäßig angeordnete Punkte eines unverformten Körpers grau dargestellt. Die Lage eines solchen Punktes wird durch seine x- und y-Koordinaten bezeichnet.

1.1 Dehnungen entlang einer Koordinatenachse

Aufgrund einer äußeren Belastung wird der Körper in x-Richtung gleichmäßig gedehnt. Die dadurch hervorgerufene neue Lage des Punktes $(1,0)$ ist eingezeichnet. Punkt $(0,0)$ ist hier wie im Folgenden ein Fixpunkt, d. h., er wird festgehalten. In y-Richtung findet keine Dehnung statt.

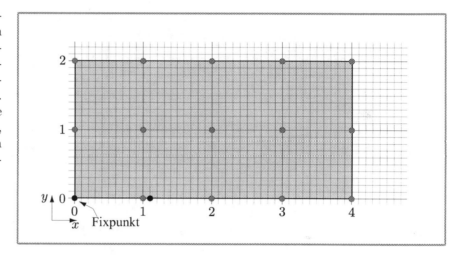

a) Zeichnen Sie die neuen Lagen der markierten Punkte des Körpers ein.

   Ist die Längenänderung des Teilkörpers von $(2,0)$ bis $(3,0)$ *größer*, *kleiner* oder *gleich* der des Teilkörpers von $(0,0)$ bis $(1,0)$? Begründen Sie.

Die *Verschiebung* (Ortsänderung) eines Punktes entlang der x-Richtung wird mit der Größe u bezeichnet. Die ursprüngliche Lage eines Punktes ist nach wie vor durch x und y gegeben und somit seine Verschiebung durch $u(x,y)$.

b) Bestimmen Sie die Verschiebung u in x-Richtung an den gegebenen Punkten:

   $$u(2,1) = \qquad\qquad u(3,1) = \qquad\qquad u(2,2) =$$

c) Hängt die Verschiebung eines Punktes von seiner x- bzw. seiner y-Koordinate ab?

d) Skizzieren Sie den Verlauf von u in Abhängigkeit von x für den festen Wert $y = 1$ im linken Koordinatensystem und den Verlauf von u in Abhängigkeit von y für den festen Wert $x = 1$ im rechten Koordinatensystem.

© Springer-Verlag GmbH Deutschland, ein Teil von Springer Nature 2018
C. Kautz et al., *Tutorien zur Technischen Mechanik*, https://doi.org/10.1007/978-3-662-56758-6_14

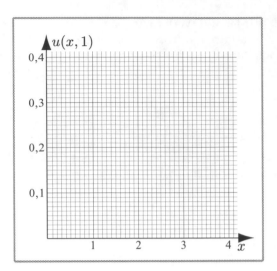
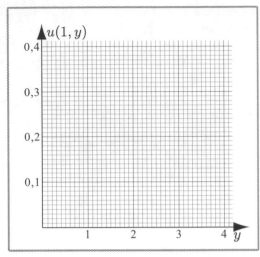

Wir haben u in Abhängigkeit von x für festes y und in Abhängigkeit von y für festes x betrachtet. Eigentlich ist u also eine Funktion zweier Variablen, $u = u(x,y)$. Die Veränderung von u kann dann als Veränderung in Abhängigkeit von x bei festgehaltenem y betrachtet werden oder in Abhängigkeit von y bei festgehaltenem x.

WICHTIG: Die partielle Ableitung einer Funktion $f\colon (x,y) \mapsto f(x,y)$ nach x ist die Ableitung der Funktion $x \mapsto f(x,y)$ nach x für festgehaltenes $y = y_0$ und wird mit

$$\frac{\partial f}{\partial x}$$

(oder im Fließtext: $\partial f/\partial x$) bezeichnet. Es werden auch abgekürzte Schreibweisen wie $\partial_x f$ oder f_x verwendet. Analog definiert man die partielle Ableitung $\partial f/\partial y$ von f nach y für festgehaltenes $x = x_0$.

e) Sind die folgenden partiellen Ableitungen jeweils *positiv*, *negativ* oder *gleich null*?

- $\dfrac{\partial u}{\partial x}$ - $\dfrac{\partial u}{\partial y}$

f) In Lehrbüchern wird die Dehnung häufig durch $\varepsilon_x = \partial u/\partial x$ definiert. Ist dies mit Ihren Antworten in e) vereinbar?

1.2 Verschiebungen und Dehnungen

a) Resultiert aus den folgenden Verschiebungen jeweils eine Dehnung?

   (i) $u(x,y) = 5\,\mu\text{m}$

   (ii) $u(x,y) = 5 \cdot 10^{-6}\, x$

   (iii) $u(x,y) = 2 \cdot 10^{-5}\,\text{m}^{-1}\, x^2$

   Falls aus einer der Verschiebungen keine Dehnung resultiert, beschreiben Sie, was mit dem Körper passiert. Begründen Sie jeweils Ihre Antwort und überprüfen Sie die Einheiten.

b) Welche Punkte sind in den obigen Fällen (i) bis (iii) jeweils Fixpunkte?

1.3 Dehnungen entlang zweier Koordinatenachsen

Aufgrund einer äußeren Belastung wird der Körper aus Abschnitt 1.1 nun entlang der x- und y-Achsen jeweils gleichmäßig gedehnt. Die dadurch hervorgerufenen neuen Lagen der Punkte $(0,1)$, $(1,1)$ und $(1,0)$ sind eingezeichnet. u bezeichnet weiterhin die Verschiebung in x-Richtung, v die in y-Richtung.

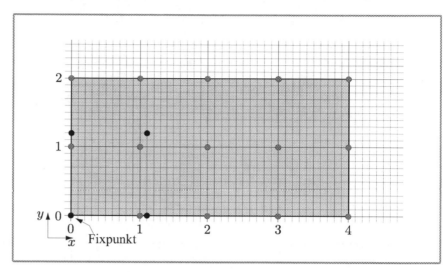

a) Zeichnen Sie die neuen Lagen der anderen markierten Punkte des Körpers ein.

b) Bestimmen Sie:

$u(2,1) =$ $\qquad$ $u(3,1) =$ $\qquad$ $u(2,2) =$

$v(2,1) =$ $\qquad$ $v(3,1) =$ $\qquad$ $v(2,2) =$

c) Hängt die Verschiebung u eines Punktes in x-Richtung

- von dessen x-Koordinate ab?

- von dessen y-Koordinate ab?

d) Hängt die Verschiebung v eines Punktes in y-Richtung

- von dessen x-Koordinate ab?

- von dessen y-Koordinate ab?

e) Geben Sie u und v als Funktionen von x und y explizit an:

$u(x,y) =$ $\qquad$ $v(x,y) =$

f) Bestimmen Sie die folgenden partiellen Ableitungen:

$\dfrac{\partial u}{\partial x} =$ $\qquad\qquad$ $\dfrac{\partial u}{\partial y} =$

$\dfrac{\partial v}{\partial x} =$ $\qquad\qquad$ $\dfrac{\partial v}{\partial y} =$

ELASTOSTATIK
Verzerrungen

2 Gleitung

2.1 Gleitungen in einer Ebene

Betrachten Sie die Verzerrung des Körpers, die durch eine Verschiebung der Punkte wie in Abschnitt 1.3 hervorgerufen wird.

a) Ändert sich der Winkel zwischen der Verbindungslinie der Punkte $(0,0)$ und $(0,1)$ und der Verbindungslinie der Punkte $(0,0)$ und $(1,0)$ durch die Verzerrung?

b) Wie könnten die Punkte $(0,1)$ und $(1,0)$ stattdessen (aufgrund einer anderen Belastung als zuvor) auf möglichst einfache Weise so verschoben werden, dass dieser Winkel kleiner als $90°$ wird?

WICHTIG: Verzerrungen, bei denen sich die Winkel zwischen zwei ursprünglich auf (oder parallel zu) den Koordinatenachsen liegenden Linien verändern, werden als *Gleitungen* bezeichnet.

c) Tragen Sie nun im Diagramm rechts mögliche neue Lagen der anderen Punkte so ein, dass sich eine möglichst gleichmäßige Gleitung ergibt. Skizzieren Sie dann die Konturen des verformten Körpers.

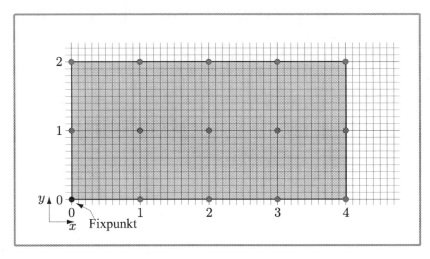

d) Hängt bei der hier konstruierten Verzerrung die Verschiebung u eines Punktes in x-Richtung

- von dessen x-Koordinate ab?

- von dessen y-Koordinate ab?

e) Hängt bei der hier konstruierten Verzerrung die Verschiebung v eines Punktes in y-Richtung

- von dessen x-Koordinate ab?

- von dessen y-Koordinate ab?

f) Sind die folgenden partiellen Ableitungen jeweils *positiv*, *negativ* oder *gleich null*?

- $\dfrac{\partial u}{\partial x}$

- $\dfrac{\partial u}{\partial y}$

- $\dfrac{\partial v}{\partial x}$

- $\dfrac{\partial v}{\partial y}$

g) In der Vorlesung wurde die Gleitung in der x, y-Ebene durch $\gamma_{xy} = \partial u / \partial y + \partial v / \partial x$ bestimmt. Ist dies mit Ihren Antworten in f) vereinbar?

2.2 Dehnungen und Gleitungen durch Verschiebungen

a) Resultiert aus den folgenden Verschiebungen jeweils eine Dehnung, eine Gleitung, beides oder keines von beiden? Begründen Sie anschaulich.

(i) $u(x, y) = 5 \cdot 10^{-6} y, \quad v(x, y) = 5 \cdot 10^{-6} x$

(ii) $u(x, y) = 5 \cdot 10^{-6} x, \quad v(x, y) = -5 \cdot 10^{-6} y$

(iii) $u(x, y) = 5 \cdot 10^{-6} y, \quad v(x, y) = -5 \cdot 10^{-6} x$

(iv) $u(x, y) = 5 \cdot 10^{-6} xy, \quad v(x, y) = 5 \cdot 10^{-6} xy$

Falls in einem Fall weder Dehnung noch Gleitung auftreten, geben Sie an, um welche Art von Verschiebung es sich handelt.

b) Sofern Sie dies noch nicht getan haben, überprüfen Sie Ihre Antworten anhand der Definitionen von Dehnung ε_i und Gleitung γ_{xy} (jeweils ausgedrückt durch die partiellen Ableitungen der Verschiebungen).

ELASTOSTATIK
Verzerrungen

In Arbeitsblatt 13 (*Ebener Spannungszustand*) haben Sie bereits festgestellt, dass die Normal- und Schubspannungen bei einer Drehung der Schnittebene sich anders verhalten, als dies bei Vektoren der Fall wäre, und als Komponenten eines Tensors zweiter Stufe beschrieben werden können. Im vorliegenden Arbeitsblatt untersuchen Sie die Darstellung solcher Tensoren mithilfe von Matrizen und deren Transformationsverhalten bei Drehungen des Koordinatensystems.

1 Spannungen

1.1 Beschreibung der Spannungen in verschiedenen Koordinatensystemen

In Arbeitsblatt 13 hatten Sie einen masselosen Stab mit konstantem, quadratischem Querschnitt der Querschnittsfläche A betrachtet, der unter Zugbelastung stand (siehe Abbildung).

a) Welche Spannungskomponenten (Normal- oder Schubspannung) traten auf, wenn der gedachte Schnitt senkrecht zur Längsachse des Stabes verlief?

b) Welche Spannungskomponenten traten auf, wenn der gedachte Schnitt im 45°-Winkel zur Längsachse des Stabes verlief?

c) Ist es möglich, dass sich ein gegebener Belastungsfall in *einem* Koordinatensystem als reine Normalspannung, in einem *anderen* jedoch als Normal- und Schubspannung äußert?

WICHTIG: Die Änderung der Schnittebene lässt sich durch einen Wechsel des Koordinatensystems beschreiben. Wie die obige Betrachtung zeigt, hängen Normalspannungen und Schubspannungen vom gewählten Koordinatensystem ab. Dies kann durch die Verwendung von Matrizen mathematisch beschrieben werden. Im ebenen Fall wird durch zwei senkrecht aufeinander stehende Schnittebenen der Spannungszustand eindeutig bestimmt.

Dazu wählt man die Schnittebenen senkrecht zu den Koordinatenachsen und stellt den *Spannungstensor* $\boldsymbol{\sigma}$ als Matrix dar, deren erste Spalte die Normal- und Schubspannungen enthält, die sich aus dem Schnitt senkrecht zur x-Achse ergeben, und deren zweite Spalte die Spannungen enthält, die sich aus dem Schnitt senkrecht zur y-Achse ergeben.

$$\boldsymbol{\sigma} = \begin{pmatrix} \sigma_x & \tau_{yx} \\ \tau_{xy} & \sigma_y \end{pmatrix}$$

d) Bestimmen Sie wie in Arbeitsblatt 13 die Normal- und Schubspannungen für die Schnitte senkrecht zur x- bzw. y-Achse und geben Sie die Matrix des Spannungstensors explizit an.

e) Wählen Sie nun ein Koordinatensystem (x', y'), dessen Achsen aus denen des vorigen Koordinatensystems durch Drehung um 45° (entgegen dem Uhrzeigersinn) hervorgehen, und bestimmen Sie die sich daraus ergebende Matrix des Spannungstensors. (*Hinweis:* Machen Sie sich bewusst, wo jeweils das positive Schnittufer liegt.)

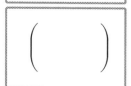

C. Kautz et al., *Tutorien zur Technischen Mechanik*, https://doi.org/10.1007/978-3-662-56758-6_15

1.2 Wechsel des Koordinatensystems und Drehmatrizen

Bei einem Wechsel des Koordinatensystems (in diesem Fall in der Ebene), also mathematisch betrachtet einem Basiswechsel im Raum $\mathbb{R}^2$, wird der Spannungstensor bezüglich der neuen Basis beschrieben. Erinnern Sie sich hierzu aus Ihrer Vorlesung zur Linearen Algebra an die Beschreibung des Übergangs der linearen Abbildung A bezüglich der alten Basis $\mathcal{B}$ zu $\tilde{A}$ bezüglich der neuen Basis $\mathcal{B}'$:

$$\tilde{A} = S^{-1}AS, \tag{1}$$

wobei S die Matrix für den Basiswechsel von $\mathcal{B}$ nach $\mathcal{B}'$ ist.

Im Folgenden sollen Sie zunächst die Matrix für einen Basiswechsel aufstellen, der einer Drehung des Koordinatensystems um den Winkel α gegen den Uhrzeigersinn entspricht.

a) Wählen Sie die Standardbasis als Ausgangsbasis. Stellen Sie die neuen Basisvektoren $\vec{e}_{x'}$ und $\vec{e}_{y'}$ so als Linearkombination der ursprünglichen Basisvektoren $\vec{e}_x$ und $\vec{e}_y$ dar, dass dies einer Drehung des Koordinatensystems um α gegen den Uhrzeigersinn entspricht:

$$\vec{e}_{x'} =$$

$$\vec{e}_{y'} =$$

b) Geben Sie die Matrix für den Basiswechsel an, der einer Drehung entgegen dem Uhrzeigersinn um einen beliebigen Winkel α entspricht. *Zur Erinnerung:* Die Matrix hat die Eigenschaft, dass sie bei Multiplikation mit den ursprünglichen Basisvektoren $\vec{e}_x$ und $\vec{e}_y$ jeweils die neuen Basisvektoren $\vec{e}_{x'}$ und $\vec{e}_{y'}$ (ausgedrückt in den alten Koordinaten) ergibt.

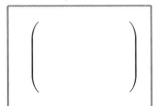

c) Geben Sie die Transformationsmatrix zum Basiswechsel für $\alpha = 45°$ mit Zahlenwerten an.

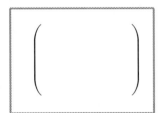

d) Überprüfen Sie nun Ihr Ergebnis aus Aufgabe 1.1e, indem Sie Gleichung (1) für den Spannungstensor und der Drehung des Koordinatensystems um $\alpha = 45°$ anwenden.

2 Verzerrungen

2.1 Beschreibung von Verzerrungen in verschiedenen Koordinatensystemen

Betrachten Sie zunächst noch einmal das Verhalten von Winkeln zwischen Linien parallel zu den Koordinatenachsen bei *reinen Dehnungen*. Verwenden Sie dazu das nachfolgende Diagramm ähnlich dem in Abschnitt 1.3 in Arbeitsblatt 14 (*Verzerrungen*). Die Verschiebung von Punkt $(1,1)$ ist erneut vorgegeben, hat aber einen anderen Wert als dort. Punkt $(0,0)$ ist wiederum Fixpunkt.

a) Zeichnen Sie die neuen Lagen der markierten Punkte des Körpers ein.

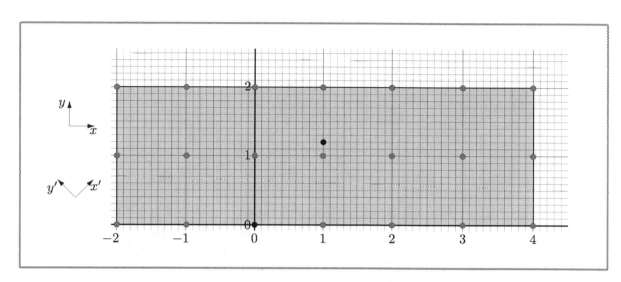

b) Beträgt der Winkel zwischen der Verbindungslinie der Punkte $(1,1)$ und $(1,2)$ und der der Punkte $(1,1)$ und $(2,1)$ *nach* der Dehnung immer noch 90°?

c) Würde sich Ihr Ergebnis ändern, wenn Sie achsenparallele Linien durch andere Punkte gewählt hätten oder wenn die Dehnungen ε_x und ε_y andere Werte hätten? Begründen Sie.

Betrachten Sie nun die drei Punkte $(-1,1)$, $(0,0)$ und $(1,1)$ im obigen Diagramm. Die Verbindungslinien zwischen den ersten beiden und zwischen den letzten beiden Punkten bilden vor der Verschiebung erneut einen rechten Winkel, verlaufen aber jeweils in einem 45°-Winkel zu den Koordinatenachsen x und y.

d) Beträgt der Winkel zwischen den betrachteten Linien nach der Verschiebung immer noch 90°?

e) Nehmen Sie an, die zu den Koordinatenachsen um 45° geneigten Linien würden nun als neue Koordinatenachsen gewählt. Ließe sich die gegebene Verformung des Körpers durch eine reine Dehnung beschreiben? Begründen Sie Ihre Antwort anhand der Diskussion in Abschnitt 2.1 in Arbeitsblatt 14.

f) Ist es möglich, dass eine gegebene Verzerrung in *einem* Koordinatensystem z. B. als reine Dehnung, in einem *anderen* jedoch als Dehnung und Gleitung auftritt?

WICHTIG: Wie das obige Beispiel zeigt, hängen Dehnungen und Gleitungen vom gewählten Koordinatensystem ab. Wie bei Spannungen bilden Dehnungen und Verzerrungen einen Tensor, den *Green'schen Verzerrungstensor* $\boldsymbol{\varepsilon}$ der den Verzerrungszustand eines Körpers bei gegebenem Koordinatensystem beschreibt.

$$\boldsymbol{\varepsilon} = \begin{pmatrix} \varepsilon_x & \frac{1}{2}\gamma_{yx} \\ \frac{1}{2}\gamma_{xy} & \varepsilon_y \end{pmatrix}$$

2.2 Verzerrungstensor im ursprünglichen Koordinatensystem

a) Geben Sie u und v als Funktionen von x und y explizit an:

$$u(x, y) = \qquad\qquad v(x, y) =$$

b) Bestimmen Sie die partiellen Ableitungen der Verschiebungsfunktionen u und v:

$$\frac{\partial u}{\partial x} = \qquad\qquad \frac{\partial u}{\partial y} =$$

$$\frac{\partial v}{\partial x} = \qquad\qquad \frac{\partial v}{\partial y} =$$

c) Geben Sie den Green'schen Verzerrungstensor in diesem Koordinatensystem an.

d) Überprüfen Sie Ihr Ergebnis: Treten hier Dehnungen auf? Treten Gleitungen auf?

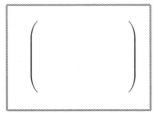

2.3 Verzerrungstensor im rotierten Koordinatensystem

Im Folgenden sollen nun die Verschiebungen im um 45° gedrehten Koordinatensystem, dem x', y'-System, aus dem Diagramm abgelesen werden. Da Verzerrungen dimensionslose Größen sind, ist die Wahl der Längeneinheiten im Koordinatensystem beliebig. Machen Sie sich zunächst bewusst, dass Sie deshalb der Einfachheit halber für das rotierte System eine Kästchen*diagonale* als Einheit wählen können.

a) Geben Sie u' und v' als Funktionen von x' und y' explizit an:

$$u'(x', y') = \qquad\qquad v'(x', y') =$$

b) Bestimmen Sie die partiellen Ableitungen der Verschiebungsfunktionen u' und v':

$$\frac{\partial u'}{\partial x'} = \qquad\qquad \frac{\partial u'}{\partial y'} =$$

$$\frac{\partial v'}{\partial x'} = \qquad\qquad \frac{\partial v'}{\partial y'} =$$

c) Geben Sie den Green'schen Verzerrungstensor im x', y'-Koordinatensystem an.

d) Überprüfen Sie Ihr Ergebnis: Treten hier Dehnungen auf? Treten Gleitungen auf?

2.4 Wechsel des Koordinatensystems durch Anwendung der Drehmatrizen

a) Schreiben Sie die Transformationsgleichung für den Verzerrungstensor entsprechend Gleichung (1) explizit (d. h. mit Zahlenwerten) auf.

b) Berechnen Sie das Produkt der drei Matrizen und vergleichen Sie Ihr Ergebnis mit der Darstellung des Verzerrungstensors im gedrehten System aus Aufgabe 2.3c.

Bei nicht zu starker Belastung zeigen viele Materialien elastisches Verhalten, d. h., die Verformung geht nach Beendigung der Belastung wieder vollständig zurück. Innerhalb dieses sogenannten *elastischen Bereichs* kann der Zusammenhang zwischen Spannung und Verzerrung oft linear genähert werden. Dies bedeutet, dass die tatsächliche Abhängigkeit der Verzerrung von der Spannung durch einen linearen Zusammenhang in guter Näherung dargestellt wird. Man spricht deshalb vom *linear* elastischen Bereich.

1 Größenordnungen der Materialkonstanten

Ziel dieses Abschnitts ist es, am Beispiel von Stahl die auftretenden Größenordnungen von Elastizitätsmodul, Dehnung und Festigkeit kennen zu lernen. Sie sollen dazu eine grobe Abschätzung vornehmen. Verlassen Sie sich hierbei auf Ihre Intuition, d. h., verwenden Sie keine Formeln oder Tabellen. Es geht *nicht* um die Genauigkeit Ihres Ergebnisses, sondern darum, sich zunächst der eigenen Vorstellungen von Größenordnungen bewusst zu werden.

1.1 Abschätzung des Elastizitätsmoduls

a) Stellen Sie sich einen Stahldraht bestimmter Länge und bestimmten Querschnitts vor und *schätzen* Sie *ohne weitere Hilfsmittel* ab, welche Längenänderung durch Anhängen eines Massestücks von einem Kilogramm hervorgerufen wird, z.B. $l = 2\,\mathrm{m}$ und $A = 1\,\mathrm{mm}^2$.

b) Bestimmen Sie die Dehnung des Drahtes aus der geschätzten Längenänderung.

Von welchen Abmessungen des Drahtes hängt Ihr Ergebnis für die Dehnung ab, von welchen nicht?

c) Bestimmen Sie aus Ihren Annahmen in a) die Spannung im Draht.

d) Berechnen Sie aus Ihren Antworten in b) und c) eine grobe Abschätzung (Größenordnung) für den Elastizitätsmodul.

e) Skizzieren Sie den *linear elastischen* Bereich des Spannungs-Dehnungs-Verlaufs im Diagramm rechts.

Wie wird in diesem Diagramm der Elastizitätsmodul sichtbar?

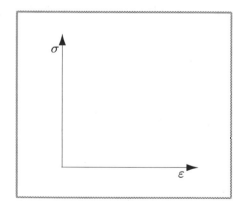

f) Vergleichen Sie Ihr Ergebnis für den Elastizitätsmodul mit Werten aus dem Lehrbuch oder Vorlesungsskript.

Hat Ihre Abschätzung die richtige Größenordnung? Wenn nicht, entspricht Ihr Schätzergebnis einem *steiferen* oder *weniger steifen* Material? Bedeutet dies eine *größere* oder *kleinere* Längenänderung eines Drahtes gleicher Abmessungen?

© Springer-Verlag GmbH Deutschland, ein Teil von Springer Nature 2018
C. Kautz et al., *Tutorien zur Technischen Mechanik*, https://doi.org/10.1007/978-3-662-56758-6_16

1.2 Abschätzung der Zugfestigkeit

Jenseits des elastischen Bereichs schließt sich *plastisches Verhalten* an, d. h., die Verformung geht nach Ende der Belastung nicht vollständig zurück.

a) Skizzieren Sie den gesamten Spannungs-Dehnungs-Verlauf im folgenden Diagramm. Der Verlauf muss nicht notwendigerweise maßstabsgetreu sein.

b) Ordnen Sie die Begriffe *Einschnüren*, *Fließen* und *Verfestigung* den entsprechenden Bereichen im Diagramm zu.

c) Beschreiben Sie anhand eines gedachten Experiments, worin sich die einzelnen Phasen unterscheiden.

d) Vergleichen Sie Ihr Ergebnis mit den Diagrammen im Lehrbuch oder Vorlesungsskript.

e) Markieren Sie die Zugfestigkeit im Spannungs-Dehnungs-Diagramm.

f) Schätzen Sie die maximale Last, die der von Ihnen in Abschnitt 1.1 angenommene Draht maximal tragen kann. Verlassen Sie sich auch hier wieder auf Ihre Intuition, d. h., verwenden Sie keine Formeln und Tabellen.

g) Berechnen Sie mithilfe des geschätzten Wertes aus f) einen Wert für die Zugfestigkeit von Stahl.

Vergleichen Sie Ihr Ergebnis mit Werten aus dem Lehrbuch oder Vorlesungsskript.

h) Wie verhalten sich die Größenordnungen von Zugfestigkeit und Elastizitätsmodul zueinander?

Welcher der beiden Werte ist der größere?

2 Spannungs-Verzerrungs-Zusammenhang mit Temperatureinfluss

Wie eingangs erwähnt, betrachten wir hier nur lineare Zusammenhänge.

2.1 Querkontraktion

Auf einen statisch bestimmt gelagerten Stab gleichmäßiger Dicke und aus homogenem Material wirkt entlang der Längsachse (x-Richtung) am Stabende eine Druckkraft F, die zu einer Verkürzung des Stabes führt.

a) Skizzieren Sie eine mögliche Lagerung des Stabes und zeichnen Sie die Druckkraft F ein.

b) Ist die Dehnung ε_x in x-Richtung *positiv*, *negativ* oder *gleich null*?

c) Ändert sich aufgrund der Belastung die Dicke des Stabes? Wenn ja, *nimmt sie zu* oder *ab*?

d) Sind die Dehnungen ε_y und ε_z in y- und z-Richtung *positiv*, *negativ* oder *gleich null*?

   Ist Ihre Antwort aus c) mit der Definition und den üblichen Werten (bzw. Vorzeichen) der Querkontraktionszahl (Querdehnzahl) vereinbar? Begründen Sie.

e) Sind die Dehnungen ε_y und ε_z im Mittelpunkt des Stabquerschnitts ebenfalls ungleich null? Begründen Sie.

f) Stellen Sie die Größen ε_x, ε_y und ε_z in Abhängigkeit von den Spannungen σ_x, σ_y und σ_z als Formel dar.

2.2 Temperatureinfluss

Der gleiche Stab ist weiterhin statisch bestimmt gelagert, d. h., er soll sich frei dehnen können. Es wirken nun *keine* äußeren Kräfte in Längsrichtung. Der Stab wird stattdessen homogen um eine Temperaturdifferenz $\Delta T > 0$ erwärmt.

a) Ist die Spannung σ_x *positiv*, *negativ* oder *gleich null*?

b) Ist die Dehnung ε_x *positiv*, *negativ* oder *gleich null*?

c) Sind die Dehnungen ε_y und ε_z *positiv*, *negativ* oder *gleich null*?

d) Geben Sie den Einfluss der Temperaturänderung auf den Verformungszustand durch Gleichungen wieder.

Treten in einer Ihrer Gleichungen Terme auf, die gleich null sind? Wenn ja, welche?

2.3 Verzerrungen unter Einfluss mechanischer und thermischer Belastungen

Der Stab ist nun statisch unbestimmt so gelagert, dass eine Längenänderung (in Längsrichtung) ausgeschlossen wird, jedoch bei der Temperatur T_0 keine Längsspannung auftritt. Die Temperatur wird wie im vorigen Fall erhöht.

a) Skizzieren Sie eine mögliche Lagerung des Stabes.

b) Ist die Dehnung ε_x *positiv*, *negativ* oder *gleich null*?

c) Ist die Normalspannung σ_x *positiv*, *negativ* oder *gleich null*? Begründen Sie anschaulich.

d) Stellen Sie die Größe ε_x in Abhängigkeit von den Spannungen σ_x, σ_y und σ_z und der Temperaturänderung ΔT dar.

Ist Ihr Ergebnis hier mit dem in c) vereinbar?

e) Ist die Dehnung ε_y *größer*, *kleiner* oder *gleich* der im vorigen Fall?

f) Ist für das Auftreten einer Querdehnung eine Dehnung in Längsrichtung notwendig?

g) Stellen Sie die Größen ε_y und ε_z in Abhängigkeit von den Spannungen σ_x, σ_y und σ_z dar.

Interpretieren Sie die Bedeutung der einzelnen Terme.

Nachdem Sie sich in den bisherigen Arbeitsblättern mit der Beschreibung von Spannungen und Verzerrungen sowie mit den Beziehungen zwischen diesen über die Stoffgesetze beschäftigt haben, sollen nun wie schon in Arbeitsblatt 12 (*Zug und Druck*) wieder konkrete Belastungsfälle betrachtet werden. Zunächst geht es um Torsion, anschließend um Biegung.

1 Kinematik der Torsion

1.1 Verzerrungszustand bei Torsion

Stellen Sie sich einen horizontal entlang der x-Achse angeordneten Stab der Länge ℓ mit kreisförmigem Querschnitt vor. Das linke Ende des Stabes wird festgehalten, während das rechte Ende um einen kleinen Winkel ϑ (im positiven Drehsinn) um die x-Achse verdreht wird. Nehmen Sie, falls möglich, einen Stab aus Gummi zur Hand.

a) Betrachten Sie einen Punkt P_1 auf dem Mantel des Stabes etwa in der Mitte zwischen den beiden Enden und in der horizontalen Ebene durch die Stabmitte (siehe Abbildung). Wird dieser Punkt *in* Längsrichtung verschoben oder *quer zur* Längsrichtung?

b) Betrachten Sie nun einen entlang der x-Achse nach rechts benachbarten Punkt P_2 (nicht eingezeichnet). Erfolgt die Verschiebung dieses Punktes in die gleiche Richtung wie die des zuvor betrachteten Punktes?

Ist die Verschiebung dieses Punktes vom Betrag *größer*, *kleiner* oder *gleich* der des ursprünglichen Punktes?

c) Erfolgt die Verschiebung des ursprünglich betrachteten Punktes P_1 überwiegend in y- oder in z-Richtung, wenn der Betrag der Verschiebung sehr klein ist? (*Hinweis:* Betrachten Sie für diese und die folgenden Fragen den Stab mit Blickrichtung entlang der Längsachse bzw. x-Achse.)

d) Welche der Verschiebungen $u(x, y, z)$, $v(x, y, z)$ und $w(x, y, z)$ sind überall gleich null, welche besitzen von null verschiedene Werte?

Hängen die Verschiebungen $u(x, y, z)$, $v(x, y, z)$ und $w(x, y, z)$ von der x-Koordinate ab?

e) Was lässt sich aus Ihren Antworten in der vorangegangenen Aufgabe über das Auftreten von Dehnung oder Gleitung schließen?

f) Wie würde sich der Stab verformen, wenn eine der Dehnungen ε_x, ε_y oder ε_z ungleich null wäre?

g) Die Gleitung γ_{xz} lässt sich als Winkel interpretieren. Beschreiben Sie anhand einer Skizze, wo dieser auf dem Stab auftritt.

Gleitung

1.2 Verschiebung als Funktion des Radius

Vergleichen Sie die Verschiebungen entsprechender Punkte in der Querschnittsebene bei halber Länge ($x = \ell/2$) und am verdrehten Ende des Stabes ($x = \ell$).

a) Zeichnen Sie Verschiebungen für die markierten Punkte in der Ebene senkrecht zur x-Achse bei $x = \ell/2$ rechts im Bild ein.

Wie hängt der Betrag der Verschiebung vom Radius r ab, an dem sich der betrachtete Punkt befindet?

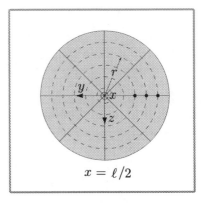

$x = \ell/2$

b) Zeichnen Sie Verschiebungen für die Punkte in der Ebene senkrecht zur x-Achse bei $x = \ell$ rechts im Bild ein.

c) Was gilt für die Verschiebungen entsprechender Punkte in den beiden Diagrammen?

Im Folgenden vergleichen wir die Lagen von Punkten vor und nach der Verformung.

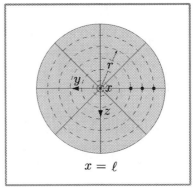

$x = \ell$

d) Liegen Punkte, die vor der Verformung auf einer Parallelen zur z-Achse bei $x = \ell$ angeordnet waren, nach der Verformung immer noch auf einer Parallelen zur z-Achse?

e) Liegen Punkte, die vor der Verformung auf einer Parallelen zur x-Achse auf der Oberfläche des Stabes angeordnet waren, nach der Verformung immer noch auf einer Parallelen zur x-Achse?

f) Liegen Punkte, die auf einer Ebene senkrecht zur x-Achse bei $x = \ell$ angeordnet waren, nach der Verformung immer noch auf einer Ebene senkrecht zur x-Achse?

g) Ist der Wert der Gleitung γ_{xz} entlang der x-Achse *konstant*, oder *ändert er sich*?

h) Stellen Sie einen Zusammenhang zwischen γ_{xz} an der Oberfläche (also bei maximalem Radius) und dem Verdrehwinkel ϑ des rechten Endes gegenüber dem linken auf. (*Hinweis:* Betrachten Sie dazu die „Verschiebung" des Punktes P_3 nach P_4 in der Abbildung rechts und markieren Sie die entsprechenden Winkel γ und ϑ. Der Bogen von P_3 nach P_4 lässt sich dann als Funktion jedes der beiden Winkel darstellen.)

2 Kräfte und Momente bei Torsion

Betrachten Sie noch einmal den Stab unter Torsionsbelastung wie in Abschnitt 1.1 und beziehen Sie sich, falls möglich, auf Ihr Experiment.

2.1 Vorüberlegungen

a) Beschreiben Sie, wie Sie am rechten Ende des Stabes Kräfte oder Momente ausüben müssen, um dieses Ende gegenüber dem linken Ende zu verdrehen.

b) Geben Sie anhand Ihrer Beobachtungen und Ihrer Intuition an, wie sich der Verdrehwinkel ϑ am Stabende ändern würde, wenn

- das angreifende Torsionsmoment M_T verdoppelt wird,

- der Stab durch einen anderen ersetzt wird, dessen Schubmodul G den doppelten Wert hat, oder

- der Stab durch einen Stab doppelter Länge ersetzt wird (mit sonst gleichen Eigenschaften).

c) Schneiden Sie nun den Stab gedanklich in zwei Teilstäbe jeweils halber Länge. Wie groß ist der Betrag des Moments, das der rechte Teilstab auf den linken ausübt, im Vergleich zu den Beträgen der Momente, die Ihre Hände auf die beiden Stabenden ausüben?

Ist Ihre Antwort im dritten Teil von b) mit diesem Ergebnis vereinbar? Wenn nicht, lösen Sie den Widerspruch auf.

d) Stellen Sie einen Zusammenhang auf, welcher die richtigen Abhängigkeiten des Verdrehwinkels ϑ von den folgenden Größen wiedergibt: dem angreifenden Torsionsmoment M_T, dem Schubmodul G und der Länge ℓ des Stabes:

$\vartheta \sim$

e) Stellen Sie die obige Proportionalität als Gleichung dar, indem Sie sie um einen Proportionalitätsfaktor c ergänzen.

Welche Einheiten hat dieser Faktor?

Die Größe und die Bedeutung dieses Faktors sollen im folgenden Abschnitt erarbeitet werden.

2.2   Betrachtung einzelner Elemente im Querschnitt

Die Abbildung zeigt zwei gleich große, infinitesimale Flächenelemente im Querschnitt des betrachteten Stabes, von denen das weiter außen liegende den doppelten Abstand r zum Mittelpunkt hat wie das weiter innen liegende.

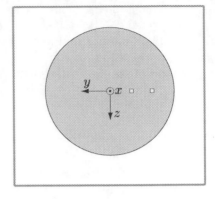

a) In welche Richtung müssen auf diese Elemente Kräfte wirken, um die beobachtete Verformung des Stabes zu verursachen? Zeichnen Sie Pfeile ein.

Welcher oder welche Körper üben diese Kräfte aus?

b) Wie groß ist die Gleitung am Ort des äußeren Flächenelements im Vergleich zu der des inneren?

c) Was folgt daraus für die Schubspannung am äußeren Element im Vergleich zu der am inneren? Begründen Sie Ihre Antwort.

d) Die aus den Schubspannungen resultierenden Querkräfte auf die Flächenelemente verursachen mit den jeweiligen Hebelarmen insgesamt ein Torsionsmoment, das über den ganzen Querschnitt verteilt wirkt. Wie groß ist der Beitrag des äußeren Elementes zum Torsionsmoment im Vergleich zu dem des inneren?

e) Drücken Sie die Schubspannung τ als Funktion des Radius r in Abhängigkeit vom Verdrehwinkel ϑ, Schubmodul G und der Länge ℓ des Stabes aus: (*Hinweis:* Verwenden Sie das Stoffgesetz und die geometrische Beziehung aus Aufgabe 1.2h, jedoch hier für den Radius r.)

$$\tau(r) =$$

f) Stellen Sie nun den Beitrag $\mathrm{d}M_T$ eines Flächenelements $\mathrm{d}A$ am Radius r zum gesamten Torsionsmoment M_T dar:

$$\mathrm{d}M_T =$$

2.3   Betrachtung des gesamten Querschnitts

Betrachten Sie nun konzentrische Ringe *gleicher infinitesimaler Dicke* $\mathrm{d}r$ im Stabquerschnitt, die sich aus Flächenelementen wie den zuvor betrachteten zusammensetzen.

a) Wievielmal größer ist die Fläche des äußeren Ringes (mit doppeltem Radius) im Vergleich zu der des inneren Ringes?

b) Geben Sie einen Ausdruck für die Fläche $\mathrm{d}A$ eines Ringes der Dicke $\mathrm{d}r$ am Radius r an:

$$\mathrm{d}A =$$

c) Geben Sie den Beitrag $\mathrm{d}M_T$ eines gesamten Ringes der Dicke $\mathrm{d}r$ am Radius r zum Torsionsmoment an:

$$\mathrm{d}M_T =$$

d) Bestimmen Sie nun das gesamte Torsionsmoment M_T durch Integration des obigen Ergebnisses von $r = 0$ bis $r = R$ und lösen Sie anschließend nach dem Verdrehwinkel ϑ auf:

$$M_T =$$

$$\vartheta =$$

Überprüfen Sie die Einheiten.

e) Welche Größen in Ihrem Ausdruck geben die Geometrie des Stabquerschnitts wieder? Wie hängen diese mit dem polaren Flächenträgheitsmoment zusammen?

In diesem Arbeitsblatt sollen die bisherigen Ergebnisse an einem konkreten Beispiel, der Belastung und Verformung einer Schraubenfeder, angewendet werden. Auf diese Weise soll bestimmt werden, wie die Längenänderung einer Schraubenfeder unter Zugbelastung von ihrer Geometrie abhängt. Zunächst werden Sie jedoch untersuchen, welche elastischen Eigenschaften sich aus verschiedenen Anordnungen von Schraubenfedern ergeben.

1 Parallel und hintereinander angeordnete Federn

Betrachten Sie zwei identische Schraubenfedern mit Federkonstante $k = F/\Delta x$. Die Federn werden nun in unterschiedlichen Anordnungen miteinander verbunden und dann belastet.

1.1 Hintereinander angeordnete Federn

Die beiden Federn werden (horizontal) hintereinander angeordnet, d. h., ein Ende einer Feder wird mit einem Ende der anderen Feder verbunden. Die beiden unverbundenen Enden der Anordnung werden mit einer Zugkraft F belastet.

a) Welchen Wert (in Abhängigkeit von k) erwarten Sie für die Federkonstante k_R der Kombination der beiden Federn?

b) Skizzieren Sie je ein Freikörperbild für die beiden Federn.

c) Welche Längenänderung resultiert aus der gegebenen Belastung für eine einzelne Feder?

Freikörperbild für linke Feder	Freikörperbild für rechte Feder

d) Welche Längenänderung ergibt sich für die gesamte Anordnung?

Ist Ihr Ergebnis mit Ihrer Erwartung in a) vereinbar?

1.2 Parallel angeordnete Federn

Die beiden Federn werden nun parallel angeordnet. Die beiden Enden des Systems der verbundenen Federn werden mit der gleichen Zugkraft F belastet.

a) Welchen Wert (in Abhängigkeit von k) erwarten Sie für die Federkonstante k_P der Kombination der beiden Federn?

b) Skizzieren Sie ein Freikörperbild für eine der beiden Federn.

c) Welche Kraft wirkt an jedem Ende auf jede der beiden Federn?

Freikörperbild für Feder

d) Welche Längenänderung ergibt sich für die gesamte Anordnung?

Ist Ihr Ergebnis mit Ihrer Erwartung in a) vereinbar?

© Springer-Verlag GmbH Deutschland, ein Teil von Springer Nature 2018
C. Kautz et al., *Tutorien zur Technischen Mechanik*, https://doi.org/10.1007/978-3-662-56758-6_18

2 Steifigkeit einer Schraubenfeder: Qualitative Betrachtung

In diesem und im folgenden Abschnitt soll die Steifigkeit einer Schraubenfeder (d. h. die oben betrachtete Federkonstante k) auf die geometrischen Größen der Feder und die Materialeigenschaften des verwendeten Drahtes zurückgeführt werden.

2.1 Vorüberlegungen

Eine Schraubenfeder werde horizontal angeordnet und wie in Abschnitt 1 mit einer Zugkraft belastet. Nehmen Sie, falls möglich, zur Beantwortung der folgenden Fragen eine oder mehrere Schraubenfedern zur Hand.

a) Welche Art von Verformung tritt bei der belasteten Schraubenfeder näherungsweise auf?

b) Inwiefern unterscheidet sich die *lokale* Verformung des Federdrahtes von der (*globalen*) Verformung der gesamten Feder?

Mithilfe welcher der beiden Betrachtungen lässt sich vermutlich die Federkonstante k auf zugrunde liegende Größen zurückführen?

c) Von welchen geometrischen bzw. Materialgrößen hängt die Federsteifigkeit nach Ihrer Erwartung ab?

d) Enthält Ihre Aufzählung Größen, die sich gegenseitig durch Umformung ersetzen lassen?

e) Geben Sie eine Menge voneinander unabhängiger Größen an.

$\rightarrow$ Diskutieren Sie Ihre Ergebnisse mit einer Tutorin oder einem Tutor.

2.2 Dimensionsbetrachtung

Verwenden Sie im Folgenden zur Beschreibung der Federeigenschaften nur noch folgende Größen: Schubmodul G, Windungszahl n, Windungsradius R und Drahtdurchmesser d.

a) Geben Sie für jede dieser Größen an, ob die Federsteifigkeit nach Ihrer Erwartung bei einer Zunahme der betrachteten Größe *zunimmt* oder *abnimmt*. Begründen Sie.

b) Für welche der Abhängigkeiten können Sie eine Proportionalität oder umgekehrte Proportionalität annehmen? In welchen Fällen halten Sie eine Abhängigkeit von anderen Potenzen für möglich?

WICHTIG: Mit Ihrem Ergebnis aus b) lässt sich folgender Ansatz für die Federkonstante aufstellen:

$$k = \alpha \frac{G d^\mu}{n R^\nu} \tag{1}$$

mit unbekannten (und dimensionslosen) Konstanten α, μ und ν.

c) Ersetzen Sie in der obigen Formel (1) die Größen durch ihre jeweiligen Einheiten.

Welcher Zusammenhang folgt daraus für die verwendeten Exponenten?

3 Steifigkeit einer Schraubenfeder: Quantitative Betrachtung

Im Folgenden soll die Herleitung der Federkonstante in Abhängigkeit von den geometrischen und Materialgrößen der Feder nachvollzogen werden.

3.1 Äußere Kraft und Torsionsmoment

a) Durchtrennen Sie gedanklich die horizontal angeordnete Feder senkrecht zur Längsachse des *Drahtes* (*nicht* senkrecht zur Federlängsachse). Skizzieren Sie ein Freikörperbild für die linke Hälfte der Feder.

b) Stellen Sie Kräfte- und Momentengleichgewicht auf.

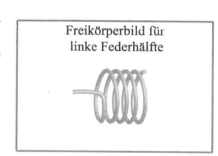

Freikörperbild für linke Federhälfte

Sind das Freikörperbild und die Gleichgewichtsbedingungen mit dem Bewegungszustand des Körpers vereinbar? Korrigieren Sie ggf. Ihr Freikörperbild.

c) Angenommen, Sie hätten die Feder an einer anderen Stelle geschnitten. Ändern sich dadurch der Betrag oder die Richtung des Schnittmoments? Wenn ja, wie?

3.2 Vergleich mit Torsionswelle

In Arbeitsblatt 17 (*Torsion*) haben Sie den Verdrehwinkel ϑ in Abhängigkeit von den geometrischen und den Materialgrößen sowie vom Torsionsmoment wie folgt bestimmt: $\vartheta = (L/GI_T)\,T$.
Bei der Torsion einer Vollwelle mit Radius r ergab sich für das darin enthaltene Flächenträgheitsmoment $I_T = (\pi/2)\,r^4$.

a) Welche der Abmessungen einer Schraubenfeder entspricht dem Radius der Torsionswelle?

b) Welche der Konstanten in der obigen Formel (1) lässt sich mithilfe dieses Zusammenhangs direkt angeben?

WICHTIG: Der Vergleich mit der Torsionswelle und die Dimensionsbetrachtung in Aufgabe 2.2c ergeben nun:

$$k = \alpha \frac{Gd^4}{nR^3} \tag{2}$$

mit einer unbekannten Konstanten α.

4 Qualitative Betrachtung der Abhängigkeit der Federkonstante vom Windungsradius

4.1 Geometrie der Verformung bei der Schraubenfeder

a) Angenommen, der Verdrehwinkel würde am Punkt P in der Feder sprunghaft um einen kleinen Betrag $\Delta\vartheta$ ansteigen. Um welchen Betrag würde sich die Mitte Z der folgenden Windung dadurch seitlich verschieben?

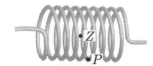

b) Würde sich bei gleichem Verdrehwinkelsprung $\Delta\vartheta$ (aufgrund gleicher lokaler Belastung im Draht) bei doppeltem Radius eine *doppelt* so große oder eine *halb* so große Verlängerung der Feder ergeben?

Entspräche dies einer weicheren oder einer härteren Feder?

4.2 Abhängigkeit der Federkonstante vom Windungsradius über die Drahtlänge

Vergleichen Sie zwei Federn gleicher *Feder*länge, von denen die eine den doppelten Windungsradius besitzt wie die andere.

a) Wie verhalten sich die Längen der Drähte, aus denen die beiden Federn gewickelt sind?

b) Was folgt daraus für den gesamten Verdrehwinkel des Drahtes bei den beiden Federn (bei jeweils gleicher lokaler Belastung im Draht)?

4.3 Abhängigkeit der Federkonstante vom Windungsradius aufgrund des Torsionsmoments

Betrachten Sie nun noch einmal das Momentengleichgewicht der Feder.

a) Wie verändert sich das Schnittmoment (bzw. Torsionsmoment) bei Verdoppelung des Windungsradius bei gleicher Kraft F?

b) Führt die hier betrachtete Abhängigkeit zu einer Erhöhung oder Verringerung der Federkonstante?

c) Erklären Sie nun mithilfe Ihrer Ergebnisse aus den Abschnitten 4.1 bis 4.3 das Auftreten von R in der dritten Potenz in Formel (2).

Im vorliegenden Arbeitsblatt beginnen wir mit der Untersuchung der Balkenbiegung. Zunächst betrachten wir nur die maximale Durchbiegung in Abhängigkeit von den Abmessungen des Balkens in einem einfachen Belastungsfall. Die Verformung des Balkens über seine ganze Länge werden Sie für verschiedene Lagerungs- und Belastungsfälle in Arbeitsblatt 20 (*Biegung – Biegelinie*) untersuchen.

1 Qualitative Betrachtung der maximalen Durchbiegung bei gegebener Last

Die *Biegung* eines Balkens lässt sich beschreiben, indem man die Verschiebung w der Balkenmittellinie in z-Richtung als Funktion der Koordinate x entlang der Balkenachse angibt. Ziel der technischen Biegelehre ist es häufig, die Balkenbiegung, also den Verlauf der Funktion $w(x)$ (der sogenannten Biegelinie), mit der Biegebeanspruchung durch die äußeren Lasten in Beziehung zu setzen. Im Folgenden betrachten Sie zunächst nur die maximale Auslenkung w_{max} eines einseitig eingespannten Balkens.

1.1 Dimensionsbetrachtung

Die nebenstehende Abbildung zeigt einen an seinem linken Ende eingespannten masselosen Balken im unbelasteten Zustand. Der Querschnitt des Balkens ist rechteckig (mit Breite b und Höhe h), jedoch nicht quadratisch. Am rechten Ende soll nun eine Kraft F nach unten wirken, sodass dieser unter einer Biegebeanspruchung steht.

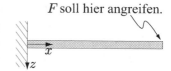

a) Erwarten Sie, dass sich w_{max} bei Verdoppelung der Kraft *verdoppelt*, *vervierfacht* oder *anders verhält*? Begründen Sie Ihre Antwort.

b) Von welchen Abmessungen und Materialeigenschaften des Balkens hängt nach Ihrer Erwartung w_{max} (bei gegebener Kraft F) außerdem ab?

Wenn Sie sich nicht sicher sind, welche Materialkonstante hier relevant ist, versuchen Sie die weiteren Aufgaben in diesem Abschnitt zu bearbeiten, ohne die Antwort zu kennen.

c) Geben Sie für jede dieser Größen an, ob die maximale Durchbiegung nach Ihrer Erwartung bei einer Zunahme der betrachteten Größe *zunimmt* oder *abnimmt*. Begründen Sie.

d) Stellen Sie sich vor, sie würden zwei identische Balken direkt nebeneinander anordnen, sodass sich ein Balken doppelter Breite ergibt, während die gesamte äußere Last unverändert bleibt. Welcher Anteil der Kraft wirkt dann auf den Teil des Balkens, der dem ursprünglichen (schmalen) Balken entspricht?

Was folgt daraus für die Abhängigkeit der maximalen Durchbiegung von der Balken*breite?*

e) Für welche der anderen Abhängigkeiten aus c) können Sie eine Proportionalität oder umgekehrte Proportionalität annehmen? In welchen Fällen halten Sie eine Abhängigkeit von anderen Potenzen für möglich?

© Springer-Verlag GmbH Deutschland, ein Teil von Springer Nature 2018
C. Kautz et al., *Tutorien zur Technischen Mechanik*, https://doi.org/10.1007/978-3-662-56758-6_19

f) Überlegen Sie, wie eine Formel aussehen könnte, welche die maximale Durchbiegung w_{max} in Abhängigkeit von den Größen aus b) und der Kraft F angibt. Verwenden Sie dabei ggf. noch unbekannte Exponenten μ, ν usw. sowie einen unbekannten, dimensionslosen Vorfaktor α.

g) Ersetzen Sie in der obigen Formel die Größen durch ihre jeweiligen Einheiten.

Welcher Zusammenhang folgt daraus für die verwendeten Exponenten?

Ihre Ergebnisse bis zu diesem Punkt reichen noch nicht aus, um die Exponenten anzugeben. Sie werden in den nächsten beiden Abschnitten die genauen Abhängigkeiten bestimmen.

1.2 Lokale Verformung

Ein beliebig gelagerter Balken unterliege einer Biegebelastung. Betrachten Sie nun ein kleines Segment des Balkens, dessen Schnittflächen eben und im unverformten Zustand vertikal sind. Nehmen Sie, falls möglich, ein biegbares Objekt zur Hand.

a) Welche Art von Verformung (Dehnung oder Gleitung) an dem Segment führt zur Biegung des Balkens?

Welche Art von Spannung (Normal- oder Schubspannung) muss bei der Balkenbiegung in erster Linie betrachtet werden?

Welche Materialkonstante (Elastizitäts- oder Schubmodul) geht demnach in die Formeln ein, welche die Balkenbiegung beschreiben?

b) Skizzieren Sie das betrachtete verformte Balkensegment (in Seitenansicht). Nehmen Sie dabei an, dass die Schnittflächen im verformten Zustand weiterhin eben, jedoch nicht mehr parallel sind.

c) Besitzt die Dehnung ε positive und negative Werte? Wenn ja, wo treten diese jeweils auf?

Verformtes Balkensegment
(Seitenansicht)

Gibt es Punkte im Balkenquerschnitt, an denen ε gleich null ist?

d) Wo tritt betragsmäßig die maximale Dehnung auf?

e) Besitzt die Normalspannung σ positive und negative Werte? Wenn ja, wo treten diese jeweils auf?

f) Führen die Normalspannungen in einer gesamten Querschnittsfläche gemäß Ihrer Antwort in e) notwendigerweise zu einer Normalkraft im Balken?

g) Führen die Normalspannungen in einer gesamten Querschnittsfläche gemäß Ihrer Antwort in e) notwendigerweise zu einem Moment?

1.3 Abhängigkeit der Verformung von der Balkenhöhe

Betrachten Sie einen Balken mit gleicher Länge wie in Abschnitt 1.1, jedoch mit doppelter *Höhe*. Im Folgenden sollen Sie untersuchen, welche Kraft auf das Ende des dickeren Balkens wirken muss, damit er die gleiche Form (d. h. *gleiche Biegelinie* $w(x)$) wie der ursprüngliche Balken annimmt. Skizzieren Sie dazu die Querschnitte und Seitenansichten von Segmenten der beiden Balken.

Querschnitt und Seitenansicht des ursprünglichen Balkensegments	Querschnitt und Seitenansicht des Balkensegments doppelter Höhe

a) Wie verhält sich die an einem festen Wert von x auftretende maximale Dehnung am Balkenrand beim doppelt so dicken Balken im Vergleich zum ursprünglichen?

Was folgt daraus für die maximale Normalspannung bei gegebenem x?

Welchen Zusammenhang haben Sie hier angewendet, und in welcher „logischen Richtung" (d. h., was haben Sie woraus abgeleitet)?

b) Berücksichtigen Sie den beim dickeren Balken vergrößerten Hebelarm der Normalspannung am Balkenrand. Um welchen Faktor erhöht sich damit die Momentenwirkung pro Element der Querschnittsfläche (wenn Sie z. B. gleich große Elemente am oberen Rand des Balkens vergleichen)?

c) Berücksichtigen Sie nun noch die beim dickeren Balken insgesamt vergrößerte Querschnittsfläche (bzw. Anzahl gleich groß gewählter Flächenelemente). Um welchen Faktor erhöht sich damit das für die gleiche Durchbiegung notwendige Biegemoment?

d) Um welchen Faktor muss folglich die Kraft vergrößert werden, um die gleiche Verformung des dickeren Balkens zu erreichen?

Was folgt daraus für den Exponent der Balkenhöhe in der Formel für die Maximalauslenkung?

e) Mithilfe Ihres Ergebnisses in Abschnitt 1.1 können Sie nun bis auf den unbekannten Vorfaktor α eine Formel für die maximale Durchbiegung $w_{\max}$ des betrachteten Balkens angeben.

f) Welche Größen in der von Ihnen gefundenen Formel resultieren aus der Geometrie des Balken*querschnitts*?

g) Vergleichen Sie Ihr Ergebnis in e) mit einem entsprechenden Beispiel in Ihrem Lehrbuch. Welchen Größen in Ihrem Ergebnis entspricht das dort auftretende (axiale) Flächenträgheitsmoment I?

Wie muss I (abgesehen von einem Vorfaktor) von der Breite b und Höhe h des Balkens abhängen und welche Einheit ergibt sich dadurch für I?

2 Vorüberlegungen zur Biegelinie

Im folgenden Arbeitsblatt 20 (*Biegung – Biegelinie*) untersuchen wir die Biegelinie, also den Verlauf der Durchbiegung oder Verschiebung $w(x)$ über den gesamten Balken, wenn dieser durch Querkräfte oder Biegemomente belastet ist. An dieser Stelle sollen bereits Überlegungen angestellt werden, wie der dafür benötigte mathematische Zusammenhang zwischen Belastung und Durchbiegung aussehen kann.

2.1 Die Verschiebung $w(x)$ und ihre Ableitungen

Betrachten Sie erneut einen Balken mit rechteckigem Querschnitt in einem Koordinatensystem wie in der Abbildung rechts. Lassen Sie die Frage, ob und wie der Balken gelagert ist, für die folgenden Aufgaben außer Acht.

a) Skizzieren Sie in den drei Zeichenfeldern je eine mögliche Form und Lage des Balkens für den Fall, dass die Funktion $w(x)$ oder eine ihrer Ableitungen jeweils konstant (und ungleich null) ist.

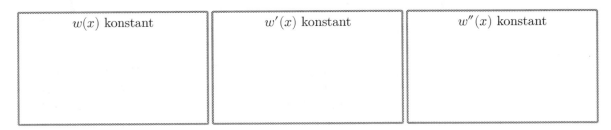

| $w(x)$ konstant | $w'(x)$ konstant | $w''(x)$ konstant |

b) In welchem oder welchen der drei Fälle kann man von einer (nicht-verschwindenden) Biegung des Balkens sprechen?

c) Erwarten Sie, dass der entsprechende mathematische Zusammenhang die Funktion w selbst, ihre erste Ableitung w' oder ihre zweite Ableitung w'' (bzw. eventuell noch höhere Ableitungen) enthält?

2.2 Charakterisierung der lokalen Belastung

In Abschnitt 1.2 haben Sie bereits die im Balkenquerschnitt auftretenden Verzerrungen und Spannungen bei einer Krümmung des Balkens betrachtet.

a) Welche der drei möglichen Schnittgrößen, Normalkraft N, Querkraft Q oder Biegemoment M resultierte zwangsläufig aus den auftretenden Spannungen?

b) Welchen mathematischen Zusammenhang erwarten Sie demnach für die Verknüpfung von lokaler Belastung und Verformung im Balken?

Nachdem in Arbeitsblatt 19 (*Biegung – Spannungszustand und Einflussgrößen*) der Einfluss der Geometrie des Balkenquerschnitts auf die Biegung eines Balkens untersucht wurde, soll nun betrachtet werden, wie sich der Verlauf des Biegemoments über die gesamte Länge des Balkens auf die Biegelinie auswirkt.

1 Biegung in Abhängigkeit von Randbedingungen und Last

1.1 Biegung durch ein Moment?

Die nebenstehende Abbildung zeigt einen an seinem linken Ende fest eingespannten Balken der Länge ℓ im unbelasteten Zustand. Im Unterschied zu der in Arbeitsblatt 19 betrachteten Situation wirkt am rechten Ende des Balkens nun jedoch keine Kraft, sondern ein Moment M_0 entgegen dem Uhrzeigersinn (also in positive y-Richtung).

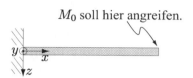

a) Erwarten Sie, dass der Balken aufgrund der Belastung durch das Moment gebogen wird? Begründen Sie.

b) Erwarten Sie, dass das rechte Ende des Balkens aus der Lage im unverformten Fall ausgelenkt wird? Begründen Sie.

c) Skizzieren Sie die erwartete Form des Balkens. Falls Sie erwarten, dass keine Verformung auftritt, geben Sie dies explizit an.

Skizze des
verformten Balkens

Drei Studierende diskutieren über die Verformung des Balkens:

Jakob: „Ich habe mir das Freikörperbild des Balkens vorgestellt. Da auf diesen Balken keine Kraft wirkt, kann auch keine Biegung auftreten. Der Balken bleibt also völlig gerade."

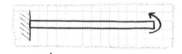

Robert: „Wegen des Momentes kann sich der Balken durchaus verbiegen, nur das Ende des Balkens kann nicht ausgelenkt werden, sondern muss auf der ursprünglichen Höhe bleiben. Das Moment kann man sich auch als ein Kräftepaar vorstellen. Dadurch kommt eine Biegung erst nach unten und dann nach oben zustande."

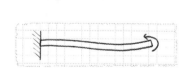

Leonhard: „Ich glaube, Jakob hat recht. M_0 ist ein freies Moment. Also kann man es auch ganz nach links verschieben. In diesem Fall ist klar, dass keine Biegung auftritt."

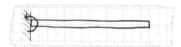

d) Stimmen Sie einer oder mehreren dieser Aussagen zu? Begründen Sie.

© Springer-Verlag GmbH Deutschland, ein Teil von Springer Nature 2018
C. Kautz et al., *Tutorien zur Technischen Mechanik*, https://doi.org/10.1007/978-3-662-56758-6_20

1.2 Allgemeiner Zusammenhang zwischen Biegelinienverlauf und Belastung

In diesem Arbeitsblatt verwenden wir das unten abgebildete Koordinatensystem mit den in Arbeitsblatt 10 (*Schnittgrößen – Diskrete Lasten*) in Teil I (*Statik*) dieser Lehrmaterialien eingeführten Konventionen:

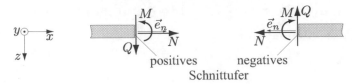

positives   negatives

Schnittufer

a) Skizzieren Sie noch einmal wie in Arbeitsblatt 19 ein Segment eines aufgrund einer Biegebeanspruchung verformten Balkens. Nehmen Sie dabei wie zuvor an, dass die Schnittflächen im verformten Zustand eben, jedoch nicht parallel sind.

b) Skizzieren Sie außerdem den Verlauf der Biegelinie im Segment.

> Verformtes Balkensegment
> (Seitenansicht)

c) Welchen Winkel schließt die Biegelinie jeweils mit den beiden Schnittflächen ein?

d) Sind die Steigungen der Biegelinie, d. h. die Werte von $w'(x)$, an den beiden Schnittflächen *gleich* oder *ungleich*?

e) Kann die zweite Ableitung $w''(x)$ der Biegelinienfunktion auf dem gesamten Balkensegment den Wert null haben? Begründen Sie.

WICHTIG: In Arbeitsblatt 19 hatten Sie bereits den Einfluss der geometrischen Größen und Materialeigenschaften des Balkens auf das Biegeverhalten untersucht. Im obigen Abschnitt sollte verdeutlicht werden, dass die *zweite Ableitung* der Biegelinienfunktion in direkter Beziehung zur Biegebeanspruchung steht. Beide Zusammenhänge werden quantitativ durch folgende Differentialgleichung beschrieben:

$$\frac{\mathrm{d}^2 w}{\mathrm{d}x^2} = -\frac{M(x)}{EI}$$

1.3 Verformung des durch ein Moment belasteten Balkens

a) Geben Sie den Biegemomentenverlauf des Balkens aus Abschnitt 1 qualitativ an.

   Was lässt sich über die Form des Balkens aufgrund des Biegemomentenverlaufs aussagen?

b) Erläutern Sie zunächst allgemein, wie sich aus den Vorzeichen der obigen Differentialgleichung die Richtung der Biegung ergibt.

c) Lassen sich an einem oder mehreren Punkten ohne Rechnung Werte für folgende Funktionen angeben? Wenn ja, geben Sie an wo, und bestimmen Sie die Werte für

- w

- w'

- w"

d) Bestimmen und skizzieren Sie die Biegelinienfunktion w des Balkens. Beachten Sie, dass $w(x)$ positiv nach unten gezählt wird.

Stimmt die von Ihnen skizzierte Biegelinie mit Ihren Erwartungen über die Verformung des Balkens aus Aufgabe 1.1a bis 1.1d überein?

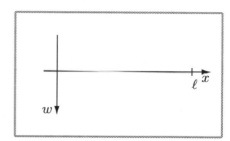

e) Betrachten Sie noch einmal die Aussage von Robert. Erläutern Sie, warum eine „Biegung erst nach unten und dann nach oben" nicht auftreten kann.

f) Betrachten Sie noch einmal die Aussage von Leonhard. Erläutern Sie, inwiefern seine Aussage über das „freie Moment" nicht zutrifft.

Für welche Fragestellungen lässt sich im Zusammenhang mit deformierbaren Körpern die statische Äquivalenz verschiedener Kräftesysteme (z. B. Verschieben eines Moments) ausnutzen? Für welche jedoch nicht?

1.4 Biegung bei veränderten Randbedingungen

Der Balken werde nun am linken Ende durch ein Festlager, am rechten durch ein Loslager gehalten. Am rechten Lager greift das gleiche Moment M_0 an wie im zuvor betrachteten Fall (siehe Abbildung).

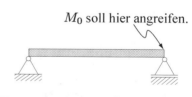

M_0 soll hier angreifen.

a) Erwarten Sie, dass der Verlauf des Biegemoments der gleiche ist wie zuvor?

b) Zeichnen Sie ein Freikörperbild für den Balken.

Freikörperbild für Balken

c) Skizzieren Sie Querkraft- und Biegemomentenverlauf in den Diagrammen rechts und auf der folgenden Seite.

d) Sind Ihre Diagramme mit dem aus der Statik bekannten, mathematischen Zusammenhang zwischen M und Q vereinbar? (*Hinweis:* Sie finden diesen im Arbeitsblatt 11 (*Schnittgrößen – Verteilte Lasten*) im Teil I (*Statik*) dieser Lehrmaterialien.)

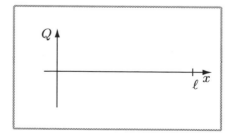

e) Welche der folgenden Werte der Biegelinienfunktion und ihrer ersten Ableitung lassen sich ohne Rechnung bestimmen? Geben Sie die entsprechenden Werte an:

$w(0) =$ $\qquad$ $w(\ell) =$

$w'(0) =$ $\qquad$ $w'(\ell) =$

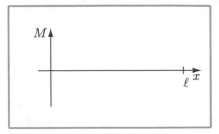

f) Skizzieren Sie die Biegelinienfunktion w des Balkens anhand der folgenden Überlegungen:

- Ändert die Krümmung der Biegelinie, d. h. $w''(x)$, entlang des Balkens ihr Vorzeichen?

- Was ergibt sich aus den Randbedingungen für w für das Vorzeichen der Steigung $w'(x)$ zwischen den Balkenenden?

- Ist die Krümmung am linken Ende des Balkens betragsmäßig *größer*, *kleiner* oder *gleich* der Krümmung am rechten Ende des Balkens?

1.5 Biegung bei veränderter Last

Der Balken werde nun statt am rechten Lager an seinem Mittelpunkt durch das Moment M_0 belastet (siehe Abbildung).

a) Erwarten Sie, dass der Verlauf des Biegemoments der gleiche ist wie in Abschnitt 1.4?

b) Zeichnen Sie ein Freikörperbild für den Balken.

M_0 soll hier angreifen.

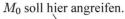

Freikörperbild für Balken

c) Skizzieren Sie Querkraft- und Biegemomentenverlauf in den Diagrammen rechts.

d) Sind Ihre Diagramme mit den Zusammenhängen zwischen M und Q vereinbar?

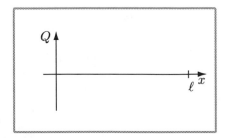

e) Sind Ihre Diagramme mit den Randbedingungen, die durch die Lager an den Balkenenden vorgegeben werden, vereinbar?

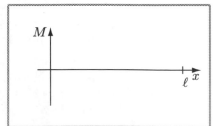

ELASTOSTATIK
Biegung – Biegelinie

f) Welche von den folgenden Werten lassen sich ohne Rechnung bestimmen? Geben Sie die entsprechenden Werte an:

$$w(0) = \qquad\qquad\qquad w(\ell) =$$

$$w'(0) = \qquad\qquad\qquad w'(\ell) =$$

g) Skizzieren Sie die Biegelinienfunktion w des Balkens anhand der folgenden Überlegungen:

- Ändert die Krümmung der Biegelinie entlang des Balkens ihr Vorzeichen?

- Welche Werte nimmt die Krümmung am linken und am rechten Ende des Balkens an?

- Welche Arten von Symmetrie erfüllen die Biegelinie und ihre Ableitungen bezüglich des Punktes $x = \ell/2$?

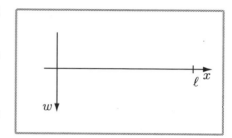

WICHTIG: Wie Sie durch Vergleich Ihrer Ergebnisse aus den Abschnitten 1.1, 1.4 und 1.5 feststellen können, wird der Verlauf der Biegelinie eines Balkens sowohl von den auftretenden Lasten als auch den Randbedingungen in den Lagern bzw. Balkenenden beeinflusst.

2 Vergleich von Kräftepaar und Moment

In einer den nachfolgenden Aufgaben soll der hier vorausgesetzte stark idealisierte Fall eines punktförmigen Moments mithilfe einer Grenzwertbetrachtung veranschaulicht werden.

2.1 Biegung durch ein Kräftepaar

Anstelle des Momentes M_0 wirken auf den Balken nun zwei Kräfte entgegengesetzter Richtung mit gleichem Betrag F in einem kleinen Abstand d (siehe Abbildung). Der Betrag der beiden Kräfte und ihr Abstand sind so gewählt, dass $F \cdot d = M_0$ gilt.

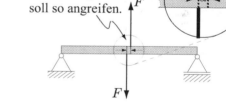

Das Kräftepaar soll so angreifen.

a) Skizzieren Sie den Biegemomentenverlauf für diese Last.

b) Welche Änderungen ergeben sich daraus für die Biegelinie des Balkens?

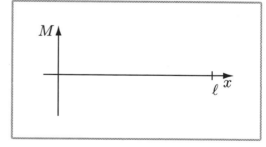

2.2 Grenzwertbetrachtung

Der Abstand d wird nun immer kleiner und gleichzeitig F immer größer gewählt, sodass jedes Mal $F \cdot d = M_0$ gilt.

a) Beschreiben Sie die resultierende Veränderung des Biegemomentenverlaufs.

b) Beschreiben Sie die resultierende Veränderung der Biegelinie.

In diesem Arbeitsblatt sollen Sie eine qualitative Erklärung dafür finden, warum in einem Balken mit nicht rechteckigem Querschnitt bei Belastung durch eine vertikale Kraft eine horizontale Schubspannungskomponente auftreten kann. Darüber hinaus soll der Begriff des *Schubflusses* motiviert werden.

1 Schubspannungen infolge von Querkräften

1.1 Wiederholung: Schubspannungen

a) Geben Sie anhand der Abbildung rechts an, wie die Indizes i und j der Schubspannungskomponenten τ_{ij} zu interpretieren sind.

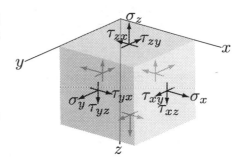

b) Welche Symmetrieeigenschaften gelten für die Komponenten des Spannungstensors?

1.2 Rechteckprofil

Betrachten Sie einen an seinem linken Ende eingespannten Balken mit rechteckigem Querschnitt, auf den am rechten Ende eine Kraft F vertikal nach unten wirkt.

F soll hier angreifen.

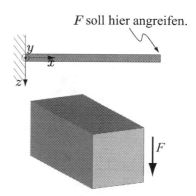

a) Welche der Schubspannungen ist im Inneren des Balken aufgrund der Existenz dieser Kraft *offensichtlich* ungleich null? Begründen Sie.

b) Welche weitere Spannungskomponente muss aufgrund der Symmetrieeigenschaften des Spannungstensors ungleich null sein?

Wie müssten Sie den Balken gedanklich schneiden, um diese Komponente sichtbar zu machen?

c) Können Sie für eine der beiden Spannungskomponenten Orte angeben, an denen diese aufgrund der äußeren Bedingungen gleich null sein muss?

Was folgt daraus für die andere Komponente?

d) Wie Sie festgestellt haben, müssen die Schubspannungen τ_{xz} am oberen und am unteren Rand des Balkens gleich null sein. Gilt dies (für die gleiche Spannungskomponente τ_{xz}) auch an den *seitlichen* Rändern der betrachteten Schnittfläche? Begründen Sie.

© Springer-Verlag GmbH Deutschland, ein Teil von Springer Nature 2018
C. Kautz et al., *Tutorien zur Technischen Mechanik*, https://doi.org/10.1007/978-3-662-56758-6_21

2 Schubspannungen aufgrund eines variierenden Biegemoments

2.1 Doppel-T-Profil

Die Abbildung zeigt einen Abschnitt der Länge Δx im Inneren eines Balkens mit sogenanntem Breitflanschprofil, d. h. mit doppel-T-förmigem Querschnitt, auf den wie zuvor am rechten Ende eine Kraft F vertikal nach unten wirkt. Wie Sie in diesem Abschnitt feststellen werden, ergibt sich im Inneren eines solchen Balkens ein sogenannter *Schubfluss,* d. h. eine Schubspannungsverteilung im Balkenquerschnitt, die bestimmte mathematische Bedingungen (ähnlich denen beim Fließen von Ladung oder Energie) erfüllen muss.

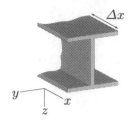

a) Ist das Biegemoment bei der hier vorliegenden Belastung an der Stelle $x + \Delta x$ betragsmäßig *größer, kleiner* oder *gleich* dem an der Stelle x?

Betrachten Sie nun den freigeschnittenen Teil des rechten oberen Flansches (siehe Abbildung).

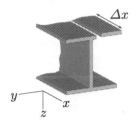

b) Ist die in Balkenlängsrichtung wirkende Normalspannung σ_x (bei festem y und z) an der Stelle $x + \Delta x$ betragsmäßig *größer, kleiner* oder *gleich* der an der Stelle x?

c) Zeichnen Sie die sich ergebenden Normalkräfte in das Freikörperbild für den Flansch ein.

d) Gilt für diesen Teilkörper auch im belasteten Fall Kräftegleichgewicht? Begründen Sie.

Freikörperbild für rechten oberen Flansch (vergrößert)

Welche weiteren Kräfte wirken auf den betrachteten Teilkörper? Handelt es sich bei den dazugehörigen Spannungen um Normal- oder um Schubspannungen? Geben Sie an, um welche Spannungskomponente es sich handelt.

e) Aufgrund der Symmetrie des Spannungstensors muss eine weitere Spannungskomponente ebenfalls ungleich null sein. Skizzieren Sie diese im oben dargestellten Balkenquerschnitt.

f) Welche Kräfte wirken entsprechend auf den linken oberen Flansch? Skizzieren Sie für diesen ebenfalls ein Freikörperbild.

Freikörperbild für linken oberen Flansch (vergrößert)

Betrachten Sie nun den gesamten oberen Flansch des Balkens als einen Teilkörper (siehe Abbildung).

g) An welchem Ort und in welcher Richtung muss eine Kraft vom vertikalen Teil des Profils auf diesen Teilkörper ausgeübt werden?

h) Geben Sie eine Gleichung an, welche die Kontakt*kräfte* an folgenden Schnittflächen in Beziehung setzt: am linken Ende des rechten oberen Flansches, am rechten Ende des linken oberen Flansches und am oberen Ende des vertikalen Profilstücks.

i) Welcher Zusammenhang ergibt sich daraus für die Schub*spannungen* τ_{yx} am linken bzw. rechten Ende des rechten bzw. linken oberen Flansches und τ_{zx} am oberen Ende des vertikalen Profilstücks? (*Hinweis:* Beachten Sie hierzu die Beziehung zwischen Kraft und Spannung sowie die relevanten Abmessungen.) Begründen Sie.

j) Verwenden Sie nun erneut die Symmetrien der Schubspannungskomponenten und geben Sie einen Zusammenhang zwischen τ_{xy} und τ_{xz} an.

k) Beschreiben Sie (ggf. anhand der Abbildung rechts), wie sich dieser Zusammenhang als *Fluss* oder *Strom* deuten lässt.

2.2 Rechteckprofil im Vergleich zum Doppel-T-Profil

In diesem Abschnitt soll untersucht werden, warum im Balken mit Rechteckprofil (Vollbalken; siehe Abbildung) bei gleicher Belastung keine nennenswerte horizontale Schubspannungskomponente auftritt.

Betrachten Sie dazu das freigeschnittene, rechte obere Viertel eines solchen Balkenquerschnitts mit der Länge Δx in der Abbildung rechts unten.

a) Worin unterscheidet sich dieser Teilkörper von dem in Abschnitt 2.1 betrachteten? Wo grenzen in diesem Fall andere Teilkörper an?

Markieren Sie die Grenzfläche, an der (außer an den Stirnflächen) ggf. Kräfte in x-Richtung übertragen werden können. Warum gilt dies nicht für die andere der beiden Grenzflächen?

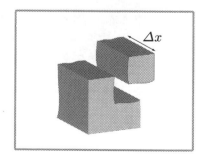

b) Resultiert aus den Normalspannungen an den beiden Enden des Teilstücks eine Kraft entlang der Balkenlängsachse in positive oder negative x-Richtung?

Ergibt sich entsprechend auf das rechte *untere* Teilstück eine Kraft in die gleiche Richtung oder in umgekehrter Richtung wie auf das obere?

c) Was gilt aufgrund Ihrer Antworten in b) für die Kraft in Balkenlängsachse auf die *gesamte rechte Hälfte* des Balkenquerschnitts: Ergibt sich eine Kraft in positive x-Richtung, in negative x-Richtung, oder ist die sich ergebende Kraft gleich null?

Anmerkung: Mathematisch entspricht dies der Integration der Normalspannung über die gesamte Balkendicke.

d) Müssen entsprechend Ihrer Antwort in c) an den *Seiten*flächen der betrachteten Teilstücke Kräfte in Balkenlängsachse übertragen werden, um das Kräftegleichgewicht zu ermöglichen?

Was ergibt sich daraus für die Schubspannungen τ_{yx} und τ_{xy}?

e) Fassen Sie Ihre Ergebnisse aus den Abschnitten 2.1 und 2.2 zusammen: Wieso muss beim Doppel-T-Profil eine seitlich wirkende Schubspannung (also eine Komponente τ_{xy}) auftauchen, beim Rechteckprofil jedoch nicht?

2.3 U-Profil

Betrachten Sie einen Träger mit dem Querschnitt eines U-förmigen Profils, auf den am rechten Ende eine Kraft F vertikal nach unten wirkt.

a) Skizzieren Sie die Schubspannungsverteilung in der Abbildung rechts.

b) Betrachten Sie die Wirkung der gesamten Schubspannungsverteilung des Profils. Ergibt sich aus dieser

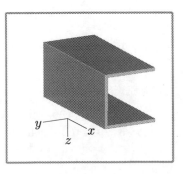

- eine Kraft in x-Richtung?

- eine Kraft in y-Richtung?

- eine Kraft in z-Richtung?

- ein Moment in x-Richtung?

c) Welche zusätzliche Verformung erwarten Sie aufgrund der gesamten Lastkonfiguration?

In diesem Arbeitsblatt untersuchen Sie, welche Belastung auftreten muss, damit sich ein Balken mit nicht rechteckigem Profil in einer vorgegebenen Weise verbiegt. Dazu sollen zunächst Trägheitsmomente betrachtet werden.

1 Flächenträgheitsmomente

1.1 Flächenträgheitsmomente eines Rechtecks

Beantworten Sie die folgenden Fragen zunächst, ohne ein Lehrbuch oder Tabellenwerk zu verwenden.

a) Geben Sie die Definitionen der axialen Flächenträgheitsmomente I_y und I_z an.

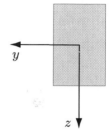

Ist für den in der Abbildung rechts dargestellten Balkenquerschnitt I_y *größer, kleiner* oder *gleich* I_z?

Begründen Sie Ihre Antwort anschaulich anhand des Integrals.

b) Geben Sie die Definition des Deviationsmoments I_{yz} an. (*Hinweis:* Beachten Sie das Vorzeichen. In verschiedenen Lehrbüchern werden teilweise unterschiedliche Konventionen verwendet.)

Ist für den hier dargestellten Balkenquerschnitt I_{yz} *positiv, negativ* oder *gleich null*?

Begründen Sie Ihre Antwort anschaulich anhand des Integrals.

c) Kontrollieren Sie Ihre Antworten anhand eines Lehrbuchs oder Tabellenwerks. Notieren Sie die konkreten Ausdrücke für I_y, I_z und I_{yz}.

Das Koordinatensystem wird nun um 45° gegen den Uhrzeigersinn gedreht, wobei die aus der y- bzw. z-Achse hervorgehenden Achsen mit η und ζ bezeichnet werden.

d) Sortieren Sie (durch Abschätzen) die axialen Trägheitsmomente I_η, I_ζ, I_y und I_z nach ihrer Größe. Ist eine eindeutige Aussage ohne Rechnung möglich?

© Springer-Verlag GmbH Deutschland, ein Teil von Springer Nature 2018
C. Kautz et al., *Tutorien zur Technischen Mechanik*, https://doi.org/10.1007/978-3-662-56758-6_22

1.2 Mohr'scher Trägheitskreis

Ähnlich wie bei den Spannungen und Verzerrungen soll auch hier die geometrische Darstellung des Tensors mithilfe des Mohr'schen Kreises verwendet werden.

a) Bestimmen Sie anhand der genannten Analogie, welche Größen grafisch gegeneinander aufgetragen werden müssen, um den Trägheitskreis zu konstruieren. Zeichnen und beschriften Sie das Achsensystem im Zeichenfeld rechts.

b) Skizzieren Sie nun den Mohr'schen Trägheitskreis für den betrachteten Querschnitt. Markieren Sie konkrete Werte.

c) Bestimmen Sie I_η, I_ζ, und $I_{\eta\zeta}$ anhand des Trägheitskreises.

Mohr'scher Trägheitskreis

d) Vergleichen Sie Ihr Ergebnis hier mit Ihrer Abschätzung in Aufgabe 1.1d.

1.3 Trägheitsmomente bei mehrfacher Symmetrie

Die Abbildung zeigt einen Balkenquerschnitt in Form eines gleichseitigen Dreiecks. Die eingezeichneten Koordinatenachsen verlaufen durch den Flächenschwerpunkt.

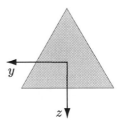

a) Sind I_y und I_z Hauptträgheitsmomente? Begründen Sie.

b) Ist nach Ihrer Erwartung I_y *größer*, *kleiner* oder *gleich* I_z?

c) Welche Drehungen lassen den betrachteten Querschnitt unverändert? Was folgt daraus für die Trägheitsmomente I_η und I_ζ bzw. $I_{\eta'}$ und $I_{\zeta'}$ in den gedrehten Koordinatensystemen? (*Hinweis:* Zeichnen Sie ggf. für beide Drehungen die sich ergebenden Koordinatenachsen ein.)

d) Welche Folgerungen können Sie daraus für den Mohr'schen Trägheitskreis für den dargestellten Querschnitt ziehen?

e) Überprüfen Sie anhand dieses Ergebnisses Ihre Vermutung in b).

f) Überprüfen Sie Ihre Ergebnisse rechnerisch mithilfe eines Lehrbuchs oder Tabellenwerks.

g) Für welche weiteren Querschnitte ergibt sich ein „Trägheitskreis" gleicher Art?

2 Biegung entlang einer Achse, die nicht Hauptachse ist

In diesem Abschnitt soll die Biegung eines Balkens um eine Achse des Querschnitts, die nicht Hauptachse ist, betrachtet werden. Es soll bestimmt werden, welche Art von Belastung hierzu auftreten muss.

2.1 Verzerrungen bei gegebener Verformung

a) Betrachten Sie den rechts dargestellten Balkenquerschnitt. Begründen Sie, warum y und z keine Hauptachsen des Querschnitts sein können.

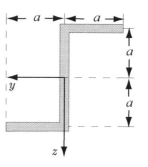

Unter einer unbekannten Belastung ist der Balken so verformt, dass er ausschließlich um die y-Achse gebogen ist, und zwar so, dass er sich mit zunehmendem x nach unten krümmt (d. h. $w'' > 0$).

b) Wie hängen die Dehnungen an einer Stelle entlang des Balkens (d. h. bei festem Wert von x) von y und z ab?

Drücken Sie den Zusammenhang in einer Gleichung für $\varepsilon_x(y, z)$ aus.

c) Was ergibt sich daraus für die Spannungen?

2.2 Bestimmung der Momente mithilfe der geometrischen Größen

Betrachten Sie im Folgenden einzelne infinitesimale Flächenelemente im Balkenquerschnitt wie bereits in Arbeitsblatt 19 (*Biegung – Spannungszustand und Einflussgrößen*): Der Beitrag eines solchen Flächenelements zum Biegemoment setzt sich zusammen aus dem Betrag der im Element wirkenden Kraft und dem Hebelarm bezüglich der betrachteten Achse.

a) Wie hängen der Betrag der Kraft und der Hebelarm für ein Flächenelement im oben betrachteten Querschnitt bei einer Biegung um y von den Koordinaten y und z ab?

Welche geometrische Größe geht folglich nach dem Integrieren über die gesamte Querschnittsfläche in das Biegemoment M_y ein?

b) Begründen Sie anhand der Spannungsverteilung, dass hier ebenfalls ein Moment um die z-Achse auftritt.

c) Wie hängen der Betrag der Kraft und der Hebelarm bezüglich der z-Achse für ein Flächenelement von den Koordinaten y und z ab?

Welche geometrische Größe geht folglich nach dem Integrieren über die gesamte Querschnittsfläche in das Biegemoment M_z ein?

d) Welcher Ausdruck ergibt sich aus Ihren Antworten für das Verhältnis M_z/M_y der beiden auftretenden Momente?

2.3   Quantitative Betrachtung der Verformung

a) Tritt im betrachteten Fall aufgrund des Moments M_z um die z-Achse eine zusätzliche Biegung um diese Achse auf?

b) Bestimmen Sie für das errechnete Verhältnis der Momente die Krümmungen w'' und v'' anhand der Differentialgleichungen der Biegelinie bei schiefer Biegung in Ihrem Lehrbuch oder Skript.

Ist Ihr Ergebnis mit der oben angenommenen Verformung des Balkens vereinbar?

c) Wieso handelt es sich hier um „schiefe Biegung", auch wenn eine Verformung des Balkens nur um die y-Achse auftritt?

2.4   Verallgemeinerung der Ergebnisse

a) Welche Verformung des Balkens erwarten Sie, wenn M_z nicht vorhanden ist?

b) Überprüfen Sie Ihre Erwartung anhand der Differentialgleichungen für die Biegelinie.

Gibt die Gleichung auch die erwartete Richtung der Verformung wieder?

c) Was muss für den Querschnitt eines Balkens gelten, damit der hier beobachtete Effekt nicht auftritt?

Überprüfen Sie Ihre Vermutung anhand der Differentialgleichungen für die Biegelinie.

In der Elastostatik werden Verformungen von Körpern betrachtet, die aufgrund von Belastungen auftreten. Beim Verformen wird an den Körpern von den äußeren Kräften oder Momenten Arbeit verrichtet. Das vorliegende Arbeitsblatt führt deshalb den physikalischen Begriff der Arbeit ein. Dazu sollen zunächst Situationen betrachtet werden, die nicht dem Bereich der Elastostatik angehören.

1 Zusammenhang zwischen Kraft, Verschiebung und Arbeit

Ein Klotz bewegt sich auf einer reibungsfreien, waagerechten Oberfläche zunächst nach rechts (siehe Abbildung). Eine Hand übt auf den Klotz eine konstante horizontale Kraft aus, die den Klotz abbremst (Phase 1), seine Bewegung umkehrt und ihn dann in entgegengesetzter Richtung schneller werden lässt (Phase 2).

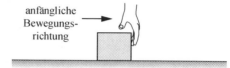

1.1 Arbeit als Energieübertragung

a) Stellen Sie in der Tabelle rechts für die Vektorgrößen *Kraft* und *Verschiebung* die jeweiligen Richtungen mithilfe eines Pfeils dar und geben Sie deren Vorzeichen an, die sich für die jeweilige Horizontalkomponente ergeben, wenn die positive x-Richtung nach rechts gewählt wird.

		Phase 1	Phase 2
Kraft der Hand auf den Klotz	Richtung		
	Vorzeichen		
Verschiebung des Klotzes	Richtung		
	Vorzeichen		

b) Ändert sich die kinetische Energie des Klotzes im Verlauf von Phase 1? Wenn ja, nimmt sie zu oder nimmt sie ab?

c) Ändert sich die kinetische Energie des Klotzes im Verlauf von Phase 2? Wenn ja, nimmt sie zu oder nimmt sie ab?

WICHTIG: Die physikalische Größe Arbeit wird eingeführt, um mechanische Energieübertragungen von einem Körper auf einen anderen, in diesem Fall von der Hand auf den Klotz, zu quantifizieren. Ist die von einem Körper an einem anderen verrichtete Arbeit *positiv*, so wird vom ersten auf den zweiten Körper (positive) Energie übertragen.

d) Tragen Sie die Vorzeichen der jeweiligen Energieänderungen in die nebenstehende Tabelle ein.

e) Bestimmen Sie das Vorzeichen der Arbeit, die jeweils von der Hand am Klotz verrichtet wird, und tragen Sie dieses in die nebenstehende Tabelle ein.

	Phase 1	Phase 2
Vorzeichen der Energieänderung		
Vorzeichen der Arbeit am Klotz		

f) Geben Sie eine Regel an, wie sich das Vorzeichen der Arbeit bestimmen lässt:

- wenn die Vorzeichen der Kraft und der Verschiebung gegeben sind,

- wenn die Richtungen der Kraft und der Verschiebung gegeben sind,

C. Kautz et al., *Tutorien zur Technischen Mechanik*, https://doi.org/10.1007/978-3-662-56758-6_23

1.2   Arbeit als skalare Größe

a) Welche Eintragungen in den *beiden* Tabellen müssen Sie ändern, wenn Sie die positive x-Richtung nun *nach links* wählen?

Ist Ihre Antwort mit Ihren Vorstellungen von Energieübertragungen vereinbar? Begründen Sie.

b) Betrachten Sie die folgende Aussage:

„Die Kraft ist immer nach links gerichtet. Wenn links die negative Richtung ist, dann ist die Arbeit in beiden Phasen negativ. Wenn wir das Koordinatensystem ändern und links ‚positiv' nennen, dann ist die Arbeit in beiden Fällen positiv."

Stimmen Sie dieser Aussage zu? Begründen Sie.

WICHTIG: Arbeit ist als Skalarprodukt von Kraft und Verschiebung definiert und ist damit keine Vektorgröße, besitzt also keine Richtung, sondern nur ein positives oder negatives Vorzeichen. Die Arbeit ist koordinatenunabhängig.

1.3   Arbeit als Prozessgröße

a) Vergleichen Sie die Begriffe „Energie" und „Arbeit" in folgender Hinsicht: Welcher der Begriffe bezieht sich auf einen bestimmten Zeitpunkt, welcher auf einen Vorgang zwischen zwei Zeitpunkten (d. h. auf ein zeitliches Intervall)?

b) In Abschnitt 1.1 wurde der Begriff „Arbeit" zur Beschreibung einer Energieübertragung eingeführt. Ist Ihre Antwort in a) damit vereinbar?

WICHTIG: Zur Berechnung einer Arbeit wird neben einer Kraft auch eine Verschiebung benötigt. Diese findet in einem realen oder gedachten Prozess statt. Die Arbeit ist demnach eine Größe, die einen Prozess (in der Regel in einem endlichen Zeitintervall) beschreibt. Sie kann damit nur *Änderungen* von Größen entsprechen, die einen Körper oder ein System zu einem bestimmten Zeitpunkt charakterisieren.

1.4   Arbeit als Integral

In Abschnitt 1.1 haben Sie die Arbeit für zwei Prozesse, Phase 1 und Phase 2, betrachtet, in denen die Kraft jeweils konstant war und die Verschiebung in jeweils einer Richtung stattfand.

a) Skizzieren Sie im Diagramm rechts die Kraft in Abhängigkeit von der Position des Klotzes für den Prozess in Phase 2.

b) Lässt sich der Betrag der Arbeit im Diagramm ebenfalls darstellen? Wenn ja, wie? Begründen Sie.

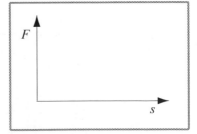

c) Angenommen, die Kraft der Hand auf den Klotz in Phase 2 wäre nicht konstant, sondern würde von dem ursprünglichen Wert beginnend bis auf null abnehmen. Skizzieren Sie im gleichen Diagramm einen möglichen Verlauf der Kraft in Abhängigkeit von der Position des Klotzes. Verwenden Sie nach Möglichkeit eine andere Farbe.

d) Wie lässt sich der Betrag der Arbeit aus dem Diagramm ablesen?

Formulieren Sie eine mathematische Darstellung der Arbeit mithilfe eines Integrals. Achten Sie dabei auch auf die zutreffenden Integralgrenzen.

2 Arbeit und Energieänderungen in einfachen Systemen

Der Klotz aus Abschnitt 1.1 ist am rechten Ende einer Druckfeder befestigt, deren linkes Ende fest mit einer Wand verbunden ist (siehe Abbildung). Eine Hand schiebt den Klotz so, dass er sich sehr langsam nach links bewegt, ohne dabei langsamer oder schneller zu werden.

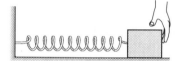

2.1 Arbeit am Einzelkörper

a) Ist die von der Hand am Klotz verrichtete Arbeit *positiv*, *negativ* oder *gleich null*?

b) Ist die von der Feder am Klotz verrichtete Arbeit *positiv*, *negativ* oder *gleich null*?

c) Ist Ihr Ergebnis mit der Tatsache vereinbar, dass der Klotz weder schneller noch langsamer wird? Begründen Sie.

2.2 Arbeit am Gesamtsystem

Betrachten Sie nun das System aus Feder und Klotz.

a) Ist die von der Wand am System verrichtete Arbeit *positiv*, *negativ* oder *gleich null*?

b) Ist die von der Hand am System verrichtete Arbeit *positiv*, *negativ* oder *gleich null*?

c) Zeigt der Vektor der resultierenden Kraft auf das System aus Feder und Klotz *nach links*, *nach rechts* oder ist er *gleich null*?

Lässt sich aus der resultierenden Kraft die gesamte am System verrichtete Arbeit, d. h. die Summe aller Arbeiten, die von äußeren Kräften an dem betrachteten System verrichtet werden, berechnen? Begründen Sie.

d) Beschreiben Sie mit eigenen Worten, wie man die Gesamtarbeit an einem System berechnet, wenn auf dieses mehrere Kräfte wirken und verschiedene Teile des Systems unterschiedliche Verschiebungen erfahren.

2.3 Arbeit und Änderung der inneren Energie

Betrachten Sie noch einmal das System aus Feder und Klotz.

a) Ändert sich die kinetische Energie des Systems in dem oben beschriebenen Prozess? Begründen Sie.

b) Ist die Gesamtarbeit der äußeren Kräfte *positiv*, *negativ* oder *gleich null*?

c) Wie lässt sich die am System verrichtete Arbeit weiterhin als Energieübertragung zum System deuten, wenn die Gesamtarbeit der äußeren Kräfte und die Änderung der kinetischen Energie des Systems nicht gleiche Werte haben.

3 Arbeit durch ein Moment

3.1 Arbeit durch ein Kräftepaar

Auf eine drehbar gelagerte, schwere Scheibe wirken kurzzeitig zwei entgegengesetzt gerichtete Kräfte gleichen Betrags F (siehe Abbildung). Die Scheibe wird dadurch in Rotation versetzt. Während die Kräfte wirken, dreht sich die Scheibe jedoch nur um einen kleinen Winkel.

a) Schreiben Sie einen mathematischen Ausdruck auf, der die Gesamtarbeit der beiden Kräfte an der Scheibe angibt.

b) Die Kräfte sollen nun näher am Mittelpunkt der Scheibe angreifen, beispielsweise im halben Abstand (im Vergleich zur Ausgangssituation). Wie muss der Betrag der beiden Kräfte verändert werden, um das insgesamt wirkende Moment unverändert zu lassen?

c) Gehen Sie davon aus, dass aufgrund der gleichen wirkenden Momente die Bewegung der Scheibe in den beiden Situationen identisch ist. Was folgt aus dieser Annahme für die Verschiebungen der Angriffspunkte der beiden Kräfte (aufgrund dieser Bewegung) in der Situation in b) im Vergleich zur Ausgangssituation?

d) Ist die an der Scheibe verrichtete Arbeit in den beiden Fällen gleich? Wenn nicht, in welcher Situation ist die Arbeit größer?

e) Geben Sie einen Ausdruck für die in den beiden Fällen verrichtete Arbeit an, der das jeweils auftretende Moment enthält.

Überprüfen Sie die Einheiten.

3.2 Arbeit bei Torsion

Ein Torsionsstab (siehe Abbildung) ist an seinem linken Ende festgehalten. Sein rechtes Ende wird mit der Hand um einen Winkel ϑ um die Längsachse verdreht.

a) Wird von der Hand auf den Torsionsstab *positive* oder *negative* Arbeit verrichtet, oder ist die verrichtete Arbeit *gleich null*?

b) Wie würde sich die von der Hand verrichtete Arbeit ggf. ändern, wenn der Vorgang mit den folgenden Änderungen wiederholt wird?

- Der Stab wird um den doppelten Winkel verdreht.
- Der Stab wird durch einen anderen Stab mit doppeltem Schubmodul G ersetzt.

In diesem Arbeitsblatt werden Sie Methoden kennen lernen, wie die Verformung von elastischen Bauteilen an einzelnen Stellen mithilfe von Energiebetrachtungen bestimmt werden kann. Dazu betrachten wir zunächst noch einmal Situationen, in denen an Objektes aus elastischen Materialien Arbeit verrichtet wird.

1 Arbeit aufgrund mehrerer Kräfte

1.1 Arbeit durch eine Kraft auf eine Feder

Eine Druckfeder mit Federkonstante c ist am linken Ende festgehalten (siehe Abbildung). An ihrem rechten Ende ist eine Platte so befestigt, dass mehrere nach links gerichtete Kräfte getrennt voneinander ausgeübt werden können. Auftretende Momente können vernachlässigt werden. Alle Kräfte wirken quasistatisch, d. h., die Bewegungen sind so langsam, dass keine nennenswerten Beschleunigungen auftreten.

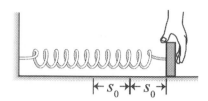

a) Eine Hand übt nun auf die Feder eine Kraft aus, sodass sich das rechte Ende der Feder zunächst um die Strecke s_0 nach links verschiebt. Skizzieren Sie im Diagramm rechts den Verlauf dieser Kraft in Abhängigkeit von der Verschiebung und stellen Sie den Betrag der Arbeit grafisch dar.

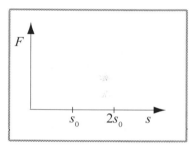

b) Wie muss die Hand nun weiter eine Kraft ausüben, um eine Verschiebung um insgesamt $2s_0$ zu bewirken? Zeichnen Sie den weiteren Verlauf der Kraft in Abhängigkeit von der Verschiebung in das Diagramm ein.

c) Ist die Arbeit, welche die Kraft während des zweiten Teils der gesamten Bewegung verrichtet, *größer*, *kleiner* oder *gleich groß* wie die Arbeit während des ersten Teils der Bewegung?

Falls die Beträge der beiden Arbeiten nicht gleich sind, lässt sich anhand des Diagramms angeben, um wie viel größer der eine Betrag im Vergleich zum anderen ist?

d) Muss die Kraft, die am linken Ende auf die Feder wirkt, berücksichtigt werden, um die *gesamte* an der Feder verrichtete Arbeit zu bestimmen? Begründen Sie Ihre Antwort.

1.2 Arbeit durch zwei Kräfte

In einem zweiten Experiment soll die Feder nun in gleicher Weise belastet und verformt werden wie zuvor. Es sind nun jedoch zwei Hände vorhanden, die auf die Feder Kräfte ausüben können und die gesamte Verformung bewirken (siehe Abbildung).

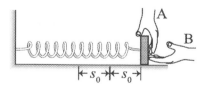

Die erste Hand (Hand A) übt zunächst allein eine Kraft auf die Feder aus, bis die Verschiebung s_0 erreicht ist. Ab diesem Punkt beginnt die zweite Hand (Hand B) zusätzlich eine Kraft auszuüben, während Hand A weiterhin konstant mit der bei s_0 wirkenden Kraft drückt.

a) Zeichnen Sie in das Diagramm rechts die Kräfte der beiden Hände jeweils als Funktion der (gesamten) Verschiebung des rechten Endes der Feder ein. Verwenden Sie verschiedene Farben, um die Kräfte der beiden Hände getrennt und unterscheidbar darzustellen.

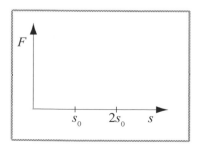

C. Kautz et al., *Tutorien zur Technischen Mechanik*, https://doi.org/10.1007/978-3-662-56758-6_24

b) Ist die gesamte an der Feder verrichtete Arbeit im zweiten Experiment *größer, kleiner* oder *gleich groß* wie die Arbeit im ersten Experiment?

c) Verrichtet Hand A während der Verschiebung von s_0 nach $2s_0$ weiterhin Arbeit an der Feder? Wenn ja, bestimmen Sie den Betrag dieser Arbeit. Wenn nein, erläutern Sie, warum Hand A keine Arbeit verrichtet.

d) Verallgemeinern Sie Ihr Ergebnis: Verrichtet eine Kraft, deren Angriffspunkt an einem Körper eine Verschiebung erfährt, auch dann Arbeit an dem Körper, wenn diese Verschiebung durch eine andere Kraft verursacht wird? Begründen Sie.

2   Mikroskopische Betrachtung von Arbeit und Energie

In diesem Abschnitt sollen Arbeit und Energieänderungen an infinitesimalen Elementen eines Körpers aus elastischem Material betrachtet werden.

2.1   Arbeit bei Dehnung

Betrachten Sie die Verformung eines infinitesimalen Volumenelements der Größe $dV = dx\,dy\,dz$ eines Körpers durch eine Normalspannung in x-Richtung.

a) Stellen Sie den Vorgang in einem Spannungs-Dehnungs-Diagramm dar.

b) Lässt sich die Arbeit dW an diesem Element analog zur Arbeit an einer Feder mithilfe der Größen σ und ε (sowie dx, dy und dz) ausdrücken?

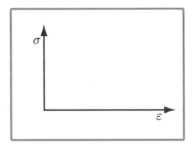

c) Warum tritt auch bei Verwendung der infinitesimalen Größen ein Faktor $1/2$ auf?

d) Angenommen, die gesamte am Volumenelement verrichtete Arbeit führt zu einer Veränderung von dessen innerer Energie. Welcher Ausdruck ergibt sich dann aus b) für die Energie*dichte* (Energieänderung pro Volumeneinheit) des Werkstoffs?

e) Stellen Sie den Betrag der Energiedichte grafisch dar.

f) Lässt sich ein entsprechender Ausdruck für die bei Gleitung auftretende Arbeit finden?

2.2 Gesamte innere Energie eines belasteten Bauteils am Beispiel eines Balkens

In einem Lehrbuch zur Elastostatik ist die gesamte Verzerrungsenergie eines Balkens unter Biegebelastung um die y-Achse durch den folgenden Ausdruck angegeben:

$$U_B = \frac{1}{2} \int \int \frac{M_{by}^2}{E I_{yy}^2} z^2 \, dA \, dx$$

a) Erläutern Sie, wie sich der dargestellte Ausdruck aus der Formel für die Energiedichte und den Spannungen bzw. Verzerrungen bei der Balkenbiegung ergibt. Warum z. B. treten das Biegemoment und das Flächenträgheitsmoment quadriert auf, der Elastizitätsmodul jedoch nicht?

Erläutern Sie außerdem, warum hier eine doppelte Integration auftritt. Können Sie geometrische Bereiche, über die integriert wird, oder konkrete Integralgrenzen angeben?

3 Anwendung des Satzes von Castigliano

WICHTIG: Nach dem *Satz von Castigliano* lassen sich die Verschiebung w_k und die Verdrehung φ_k eines Balkens an einer Stelle durch die partielle Ableitung der gesamten Verzerrungsenergie nach der Kraft F_k bzw. dem Moment M_k an der jeweiligen Stelle bestimmen:

$$w_k = \frac{\partial U}{\partial F_k} = \dots \qquad \text{und} \qquad \varphi_k = w_k' = \frac{\partial U}{\partial M_k} = \dots$$

In diesem Abschnitt lernen Sie einfache Anwendungsfälle dieses Satzes kennen. Dabei soll deutlich werden, welche Lasten in die Bestimmung der Verzerrungsenergie einbezogen werden müssen.

3.1 Belastung durch eine Einzelkraft

Betrachten Sie einen Kragbalken, der am rechten Ende durch eine vertikale Einzelkraft F_k belastet ist.

a) Geben Sie den Biegemomentenverlauf als Funktion der Balkenlängskoordinate an. (Setzen Sie zur Vereinfachung $x = 0$ am rechten Balkenende.)

b) Geben Sie damit einen Ausdruck für die gesamte Verzerrungsenergie U des Balkens an. (*Hinweis:* Durch Anwenden der Definition des Trägheitsmoments lässt sich das Integral stark vereinfachen.)

c) Hängt die Verzerrungsenergie vom Betrag der Kraft F_k ab? Wenn ja, mit welcher Potenz?

d) Bestimmen Sie mithilfe des Satzes von Castigliano die Verschiebung w_k am Angriffspunkt der Kraft.

Entspricht Ihr Ergebnis dem, was Sie durch Integration der Differentialgleichung der Biegelinie erhalten hätten?

e) Wenden Sie nun den Satz von Castigliano formal an, um die Verdrehung φ_k (bzw. Neigung w_k') des Balkens am Angriffspunkt der Kraft zu bestimmen.

f) Ist das Ergebnis, dass Sie auf diesem Weg erhalten haben, plausibel? Begründen Sie.

> WICHTIG: Um den Satz von Castigliano zur Bestimmung einer Verschiebung oder einer Verdrehung eines Bauteils an einem Punkt anwenden zu können, muss im Ausdruck für die Verzerrungsenergie U des Bauteils eine Kraft bzw. ein Moment am entsprechenden Punkt auftreten, sodass die partielle Ableitung gebildet werden kann. Tritt eine solche Kraft oder ein solches Moment nicht auf, so muss diese Last als *Hilfskraft* oder *Hilfsmoment* eingeführt und nach Ausführen der partiellen Ableitung gleich null gesetzt werden.

3.2 Einführen eines Hilfsmoments

a) Ergänzen Sie den Biegemomentenverlauf als Funktion der Balkenlängskoordinate für den Fall, dass am Balkenende ein zusätzliches äußeres Moment M_k ausgeübt wird.

Erläutern Sie die unterschiedliche Bedeutung der Größen M_b und M_k.

b) Wie ändert sich demzufolge die gesamte Verzerrungsenergie des Balkens? Ist sie als Summe aus einem von F_k und einem von M_k abhängigen Term darstellbar, oder treten die beiden Größen vermischt auf?

c) Ist die partielle Ableitung der Verzerrungsenergie nach dem Moment M_k nach Einführen des Hilfsmoments gleich null oder ungleich null?

Lässt sich damit ein Wert ungleich null für die Neigung w'_k des Balkens am rechten Ende angeben?

Ist dies der Wert, den Sie allein aufgrund des Auftretens der Kraft F_k erwarten würden?

d) Ändert sich die partielle Ableitung der Verzerrungsenergie nach der Kraft F_k durch die Einführung des Moments? Erläutern Sie Ihre Antwort.

Was bedeutet dies für den Wert von w_k am rechten Balkenende? Entspricht dieser der früheren Rechnung, für den Fall, dass nur eine vertikale Kraft (d. h. kein Moment) am Ende des Balkens angreift?

e) Welchen Wert müssen Sie für M_k nach Ausführen der partiellen Ableitung einsetzen, damit Sie den gleichen Wert für $w(\ell)$ erhalten wie zuvor?

Lesen Sie nun noch einmal den Text oben (vor Abschnitt 3.2) zur Einführung eines Hilfsmoments.

Im vorliegenden Arbeitsblatt werden Sie das Phänomen des Knickens von Druckstäben beschreiben und untersuchen. Dabei sollen auch besondere mathematische Aspekte der üblichen Herleitungen betrachtet werden.

1 Qualitative Betrachtung

1.1 Instabile Gleichgewichtslagen bei Druckbelastung

Nehmen Sie einen langen und dünnen Gegenstand (z. B. ein Lineal oder einen Gummistab) und stellen Sie diesen senkrecht auf den Tisch. Sichern Sie das auf dem Tisch ruhende untere Ende mit einer Hand gegen seitliches Abrutschen. Üben Sie mit der anderen Hand am oberen Ende zunächst eine so geringe Druckbelastung aus, dass noch keine Verformung sichtbar ist. Erhöhen Sie dann langsam die Kraft, mit der Sie drücken.

a) Was beobachten Sie? Inwiefern ist dieses Verhalten anders als unter Zugbelastung?

b) Beschreiben Sie die Verformung eines kurzen Segments des Stabes.

c) Welche Arten von Belastungen liegen in dem Gegenstand vor?

1.2 Dimensionsbetrachtung

Wie Sie festgestellt haben, tritt eine Verformung durch das Knicken eines Druckstabes bei einer kontinuierlich ansteigenden Belastung nicht von Beginn an auf, sondern erst bei Überschreiten einer bestimmten Last, der sogenannten kritischen Last. In diesem Abschnitt soll diese Last durch Dimensionsbetrachtungen abgeschätzt werden.

a) Ausgehend von Ihrer Antwort in Aufgabe 1.1b, welche Materialkonstanten und geometrische Größen beeinflussen nach Ihrer Erwartung das Knickverhalten?

b) Erwarten Sie, dass die minimal notwendige Kraft, um Knicken herbeizuführen, bei Zunahme der einzelnen Größen jeweils zunimmt oder abnimmt?

c) Von welchen der auftretenden Größen erwarten Sie aufgrund Ihrer bisherigen Erfahrung, dass eine direkte oder umgekehrte Proportionalität besteht? Für welche Größen halten Sie eine Abhängigkeit von anderen Potenzen für möglich?

d) Stellen Sie (ohne das Ergebnis im Skript oder Lehrbuch nachzuschauen) eine Formel für die kritische Last in Abhängigkeit von den in a) identifizierten Größen auf. Verwenden Sie dabei ggf. noch unbekannte Exponenten, μ, ν usw., sowie einen unbekannten, dimensionslosen Vorfaktor α.

e) Bestimmen Sie alle auftretenden Exponenten durch Betrachtung der Dimensionen bzw. Einheiten.

$\rightarrow$ Diskutieren Sie Ihre Ergebnisse mit einer Tutorin oder einem Tutor.

© Springer-Verlag GmbH Deutschland, ein Teil von Springer Nature 2018
C. Kautz et al., *Tutorien zur Technischen Mechanik*, https://doi.org/10.1007/978-3-662-56758-6_25

1.3 Abschätzung der Größenordnung der kritischen Last

In diesem Abschnitt soll abgeschätzt werden, ob die in Abschnitt 1.2 aufgestellte Formel eine sinnvolle Größenordnung ergibt.

a) Aus welchem Material ist der von Ihnen verwendete Gegenstand? Suchen Sie mit den Ihnen zur Verfügung stehenden Mitteln (z. B. Tabellenwerke, Internet) nach den notwendigen Materialkonstanten.

b) Bestimmen Sie die Abmessungen des Gegenstands (durch Schätzen oder Messen). Bestimmen Sie daraus das relevante Flächenträgheitsmoment.

c) Berechnen Sie aus den abgeschätzten Werten einen Wert für die Knicklast F_krit (abgesehen von dem unbekannten Faktor α) für Ihren Gegenstand.

Stimmt dieser Wert von der Größenordnung mit der tatsächlich aufgebrachten Kraft überein?

2 Die Knickgleichung

2.1 Differentialgleichung für den beidseitig gelenkig gelagerten Stab

Für die Verformung eines gelenkig gelagerten und mit einer Druckkraft F belasteten Stabes (siehe Abbildung) wird in Lehrbüchern folgender Zusammenhang, die sogenannte *Knickgleichung*, hergeleitet:

$$EIw'' + Fw = 0 \qquad (1)$$

a) Wie unterscheidet sich diese Gleichung von der *Differentialgleichung der Biegelinie*, die Sie bereits im Zusammenhang mit der Balkenbiegung kennen gelernt haben?

Welchen physikalischen Grund hat die unterschiedliche Form der Knickgleichung? (*Hinweis:* Überlegen Sie hierzu, wodurch jeweils das biegende Moment hervorgerufen wird.)

b) Lässt sich die hier dargestellte Gleichung ohne Weiteres durch zweimaliges Integrieren nach w auflösen? Wenn ja, wie? Wenn nein, warum nicht?

c) Beschreiben Sie in Worten, wie eine Funktion, die die obige Gleichung (1) erfüllt, ungefähr aussehen muss. Verwenden Sie dazu den Zusammenhang, dass die zweite Ableitung einer Funktion die Änderung der Steigung ihres Graphen angibt, d. h., dass $w'' > 0$ also eine zunehmende Steigung bedeutet.

Beachten Sie, dass (im Unterschied zur bisherigen Konvention) $F > 0$ hier eine Druckkraft bezeichnet.

d) Als allgemeine Lösung der obigen Differentialgleichung wird die Funktion

$$w = A\cos(\lambda x) + B\sin(\lambda x)$$

vorgeschlagen. Überprüfen Sie, ob dies wirklich eine Lösung ist.

Wie muss λ gewählt werden?

Gibt es (von null verschiedene) Werte für A oder B, die keine sinnvolle Lösung des mechanischen Problems darstellen?

e) Begründen Sie anschaulich (siehe c)) und mathematisch (siehe d)) warum $F < 0$ nicht zu sinnvollen Lösungen führt.

2.2 Differentialgleichung für beliebige Lagerung

Bei beliebiger Lagerung des Stabes ergibt sich eine Differentialgleichung vierter Ordnung. Wenn weiterhin vorausgesetzt werden kann, dass der Stab entlang seiner Länge homogen ist (d. h. EI = konstant), lautet diese:

$$EIw^{IV} + Fw'' = 0 \qquad (2)$$

a) Inwiefern unterscheidet sich diese Differentialgleichung von der oben angegebenen?

b) Erhalten Sie Gleichung (2), wenn Sie die obige Gleichung (1) zweimal nach der Variable x ableiten?

Bedeutet dies, dass die beiden Differentialgleichungen gleichwertig sind? (In anderen Worten: Sind die Lösungen der einen Gleichung auch Lösungen der anderen und umgekehrt?)

c) Können Sie Funktionen $w(x)$ angeben, die nur eine Lösung für *eine* der beiden Gleichungen darstellen? Erläutern Sie.

2.3 Zusammenhänge zwischen verschiedenen Knickfällen

Betrachten Sie zunächst den Fall eines an einem Ende fest eingespannten Stabes, bei dem am entgegengesetzten Ende eine Druckkraft angreift.

a) Erwarten Sie (ohne weitere Rechnung), dass eine geringere Kraft notwendig ist, um Knicken herbeizuführen, als beim beidseitig gelenkig gelagerten Stab? Begründen Sie Ihre Vermutung.

b) Welche Bewegungen, die beim oben betrachteten Fall des beidseitig gelenkig gelagerten Stabes möglich waren, sind nun durch die Lagerung ausgeschlossen?

Welche Bewegungen, die vorher ausgeschlossen waren, sind nun möglich?

Fügen Sie gedanklich an den an einem Ende eingespannten (vertikalen) Stab dort einen identischen zweiten Stab so an, dass der zweite die Spiegelung des ersten darstellt. Die Verbindung des zweiten Stabes mit dem ersten ersetzt dann die Einspannung an dieser Stelle, und an seinen Enden soll der zusammengesetzte Stab gelenkig (und an einem Ende verschiebbar) sein.

c) Skizzieren Sie die hier beschriebene Anordnung im Zeichenfeld rechts.

d) Inwiefern erfüllt diese Anordnung immer noch die Randbedingungen der zuvor eingespannten Teilstäbe?

e) Wie verhalten sich also die beiden kritischen Lasten für den gelenkig gelagerten Stab und einem halb so langen einseitig eingespannten Stab zueinander? (*Hinweis:* Zeichnen Sie ggf. ein Freikörperbild.)

f) Stellen Sie aufgrund Ihrer Überlegungen in e) eine Formel für die Knicklast eines einseitig eingespannten Stabes auf.

> Skizze für zusammen-
> gesetzten Knickstab

Kinematik

Im vorliegenden Arbeitsblatt beginnen wir mit der Betrachtung von Bewegungen, zunächst für Situationen, in denen die Bewegung entlang einer geraden Linie verläuft. Hierbei wird noch nicht nach einer Erklärung für den Verlauf der Bewegung gesucht, sondern es werden nur Begriffe zur Beschreibung von Bewegungen festgelegt und verwendet.

1 Bewegung mit abnehmendem Geschwindigkeitsbetrag

Die folgende Abbildung zeigt die Stroboskopaufnahme einer Kugel, die auf einer geneigten Schiene aufwärts rollt. (In einer Stroboskopaufnahme ist der Aufenthaltsort eines Gegenstandes nach jeweils gleichen Zeitintervallen zu sehen.)

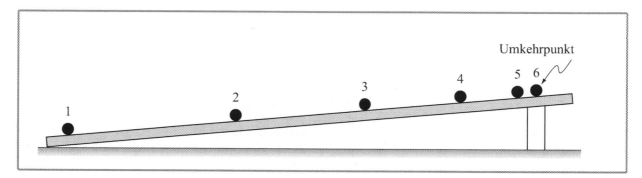

1.1 Geschwindigkeit und Geschwindigkeitsänderung

a) Zeichnen Sie an den markierten Orten in der Abbildung Vektoren für die Momentangeschwindigkeit der Kugel ein. Falls die Geschwindigkeit an einem der Punkte gleich null ist, geben Sie dies ausdrücklich an. Begründen Sie, warum Sie die Vektoren in dieser Weise gezeichnet haben.

b) Vergleichen Sie die Geschwindigkeiten an den Punkten 1 und 2. Zeichnen Sie dazu die Vektoren im Zeichenfeld rechts parallel zueinander ein und kennzeichnen Sie sie mit $\vec{v}_1$ und $\vec{v}_2$.

c) Zeichnen Sie den Vektor ein, den man zur Geschwindigkeit zum früheren Zeitpunkt addieren muss, um die Geschwindigkeit zum späteren Zeitpunkt zu erhalten. Bezeichnen Sie diesen Vektor mit $\Delta\vec{v}$.

Inwiefern ist für diesen Vektor der Begriff *Vektor der Geschwindigkeitsänderung* (oder einfach *Geschwindigkeitsänderung*) zutreffend?

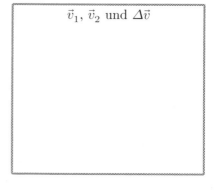

$\vec{v}_1$, $\vec{v}_2$ und $\Delta\vec{v}$

d) Vergleichen Sie die Richtung der so konstruierten Geschwindigkeitsänderung mit der Richtung der Geschwindigkeiten an den beiden Punkten.

Ändert sich Ihr Ergebnis, wenn Sie zwei andere aufeinanderfolgende Punkte der Aufwärtsbewegung (z. B. Punkte 3 und 4) auswählen? Begründen Sie.

© Springer-Verlag GmbH Deutschland, ein Teil von Springer Nature 2018
C. Kautz et al., *Tutorien zur Technischen Mechanik*, https://doi.org/10.1007/978-3-662-56758-6_26

1.2 Beschleunigung

a) Vergleichen Sie den Betrag der Geschwindigkeitsänderung zwischen den Punkten 1 und 2 mit dem
entsprechenden Betrag für zwei *andere aufeinanderfolgende* Punkte (z. B. Punkte 3 und 4). Begründen Sie
Ihre Antwort mithilfe des gegebenen Geschwindigkeit-
Zeit-Diagramms. (*Hinweis:* Die positive Richtung wurde
entlang der Schiene *aufwärts* gewählt.)

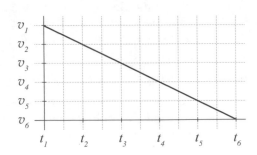

b) Betrachten Sie den Vektor der Geschwindigkeitsänderung zwischen zwei markierten Punkten, die
nicht unmittelbar aufeinanderfolgen, z. B. den Punkten 1 und 4.

Unterscheidet sich der Betrag der Geschwindigkeitsänderung für dieses Intervall von dem Betrag für
zwei aufeinanderfolgende Punkte? Wenn ja, um wie viel größer oder kleiner ist er im Vergleich zum
entsprechenden Vektor für aufeinanderfolgende Punkte? Begründen Sie.

c) Wenden Sie die Definition der Beschleunigung an, um im Zeichenfeld rechts einen Vektor einzuzeichnen, der die Beschleunigung
der Kugel zwischen den Punkten 1 und 2 darstellt.

Wie hängt die Richtung des Beschleunigungsvektors mit der
Richtung der Geschwindigkeitsänderung zusammen? Begründen
Sie.

> Beschleunigungsvektor

d) Ändert sich die Beschleunigung, während die Kugel die Bahn hinaufrollt? Würden sich andere Werte
für die Beschleunigung ergeben, wenn Sie (1) zwei andere aufeinanderfolgende Punkte oder (2) zwei
nicht aufeinanderfolgende Punkte wählten? Begründen Sie Ihre Antworten.

1.3 Zusammenfassung

Verallgemeinern Sie Ihre bisherigen Ergebnisse anhand der folgenden Aufgaben:

a) Vergleichen Sie die Richtung des Beschleunigungsvektors mit der des Geschwindigkeitsvektors für
einen Körper, der sich geradlinig bewegt und dabei langsamer wird. Begründen Sie.

b) Beschreiben Sie die Richtung des Beschleunigungsvektors für eine Kugel, die auf einer geneigten
Schiene geradlinig aufwärts rollt.

2 Bewegung mit zunehmendem Geschwindigkeitsbetrag

Die folgende Abbildung zeigt die Stroboskopaufnahme der Kugel, während sie auf der geneigten Schiene wieder abwärts rollt.

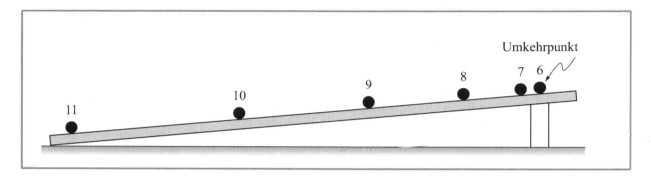

2.1 Geschwindigkeitsänderung und Beschleunigung

a) Zeichnen Sie zunächst an den markierten Orten in der obigen Abbildung Vektoren für die Momentangeschwindigkeit der Kugel ein. Wählen Sie dann zwei aufeinanderfolgende Punkte aus. Zeichnen Sie im Zeichenfeld rechts die entsprechenden Geschwindigkeitsvektoren parallel zueinander ein und kennzeichnen Sie diese .

Bestimmen Sie den Vektor, den man zur Geschwindigkeit zum früheren Zeitpunkt addieren muss, um die Geschwindigkeit zum späteren Zeitpunkt zu erhalten. Ist der Begriff *Vektor der Geschwindigkeitsänderung* auch für diesen Vektor zutreffend?

$\vec{v}_i$, $\vec{v}_{i+1}$ und $\Delta\vec{v}$

b) Vergleichen Sie die Richtung der Geschwindigkeitsänderung mit der Richtung der Geschwindigkeit an einem der beiden Punkte.

Beschleunigungsvektor

c) Skizzieren Sie im Zeichenfeld rechts einen Vektor, der die Beschleunigung der Kugel zwischen den oben gewählten Punkten darstellt.

Wie hängt die Richtung des Geschwindigkeitsänderungsvektors mit der des Beschleunigungsvektors zusammen? Begründen Sie.

2.2 Zusammenfassung

Verallgemeinern Sie Ihre bisherigen Ergebnisse anhand der folgenden Aufgaben:

a) Vergleichen Sie die Richtung des Beschleunigungsvektors mit der des Geschwindigkeitsvektors für einen Körper, der sich geradlinig bewegt und dabei schneller wird. Begründen Sie.

b) Beschreiben Sie die Richtung des Beschleunigungsvektors für eine Kugel, die auf einer geneigten Schiene geradlinig abwärts rollt.

3 Bewegung mit Umkehr der Bewegungsrichtung

Betrachten Sie die Stroboskopaufnahme für den Bewegungsabschnitt, der den Umkehrpunkt einschließt.

3.1 Geschwindigkeitsänderung

a) Wählen Sie einen Punkt vor und einen weiteren nach dem Umkehrpunkt aus und markieren Sie die Punkte in der Abbildung rechts. Zeichnen Sie im Zeichenfeld unten die entsprechenden Geschwindigkeitsvektoren ein und bezeichnen Sie diese mit $\vec{v}_{\text{vor}}$ und $\vec{v}_{\text{nach}}$.

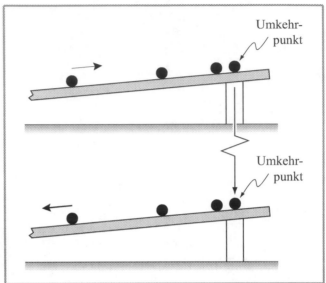

Zeichnen Sie den Vektor ein, den man zur Geschwindigkeit zum früheren Zeitpunkt addieren muss, um die Geschwindigkeit zum späteren Zeitpunkt zu erhalten.

Ist der oben verwendete Begriff *Vektor der Geschwindigkeitsänderung* auch für diesen Vektor zutreffend?

b) Wählen Sie nun den Umkehrpunkt als einen der betrachteten Punkte. Welchen Wert hat die Geschwindigkeit dort?

Ergibt sich bei dieser Wahl eine andere Richtung für die Geschwindigkeitsänderung als zuvor? Begründen Sie, warum oder warum nicht.

$$\vec{v}_{\text{vor}},\ \vec{v}_{\text{nach}}\ \text{und}\ \Delta\vec{v}$$

3.2 Beschleunigung

a) Zeichnen Sie im Zeichenfeld rechts einen Vektor ein, der die Beschleunigung der Kugel zwischen den Punkten beschreibt, die Sie in Aufgabe 3.1a gewählt haben.

b) Würden sich Richtung oder Betrag des Beschleunigungsvektors ändern, wenn Sie

- wie in Aufgabe 3.1b den Umkehrpunkt als einen der betrachteten Punkte gewählt hätten,

- einen Punkt vor und den anderen nach dem Umkehrpunkt, beide jedoch zeitlich immer näher am Umkehrpunkt gewählt hätten?

Beschleunigungsvektor

c) Vergleichen Sie die Richtung des Beschleunigungsvektors der Kugel am Umkehrpunkt mit der für die

- Aufwärtsbewegung

- Abwärtsbewegung.

d) Zwei Studierende diskutieren über ihr Ergebnis bezüglich der Beschleunigung am Umkehrpunkt.

Norbert: „Die Beschleunigung ist doch die Ableitung der Geschwindigkeit. Wenn die Geschwindigkeit am Umkehrpunkt Null ist, dann muss die Beschleunigung also auch Null sein.“

Andrea: „Das glaube ich nicht. Aber wenn wir das Geschwindigkeits-Zeit-Diagramm aus Abschnitt 1.2 weiterzeichnen, sehen wir, dass der Graph nun plötzlich wieder ansteigt. Im Umkehrpunkt ist die Ableitung also gar nicht definiert. Die Beschleunigung hat dort also gar keinen wohldefinierten Wert.“

Beide Überlegungen sind nicht richtig. Finden Sie den Fehler in der jeweiligen Argumentation. (*Hinweis:* Skizzieren Sie dazu ein Geschwindigkeits-Zeit-Diagramm für die gesamte Bewegung von Zeitpunkt 1 bis Zeitpunkt 11.)

Im vorliegenden Arbeitsblatt werden Bewegungen in der Ebene beschrieben. Besonders im Fokus stehen die Richtungen der Vektorgrößen *Geschwindigkeit* und *Beschleunigung*.

1 Geschwindigkeitsvektoren

Ein Körper bewegt sich auf einer ovalen Bahn (siehe Abbildung).

1.1 Mittlere Geschwindigkeit

Skizzieren Sie zunächst die Bahnkurve auf einem großen Blatt Papier. Nutzen Sie dabei die gesamte Größe des Blattes. Punkt O ist der Ursprung des Koordinatensystems.

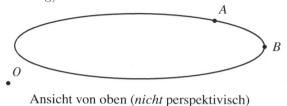

Ansicht von oben (*nicht* perspektivisch)

a) Zeichnen Sie in Ihrer großen Skizze die Ortsvektoren $\vec{r}_A = \vec{r}(t_A)$ und $\vec{r}_B = \vec{r}(t_B)$ des Körpers ein, wenn dieser sich an Punkt A bzw. Punkt B befindet.

b) Zeichnen Sie den Vektor $\Delta\vec{r}$ ein, der die Verschiebung des Körpers (d. h. seine Ortsänderung) von A nach B (also im Zeitintervall von t_A bis t_B) darstellt.

Beschreiben Sie, wie sich mithilfe des Verschiebungsvektors die Richtung der mittleren Geschwindigkeit des Körpers im Intervall von t_A bis t_B bestimmen lässt.

Zeichnen Sie einen Vektor ein, der die mittlere Geschwindigkeit darstellt. Übertragen Sie alle eingezeichneten Vektoren auch entsprechend in die Abbildung oben.

1.2 Momentangeschwindigkeit

a) Wählen Sie nun einen Punkt B' auf dem Oval zwischen A und B.

Ändert sich die Richtung des Verschiebungsvektors im Intervall von t_A bis $t_{B'}$, wenn Sie Punkt B' näher an Punkt A rücken lassen? Falls ja, wie ändert sie sich?

Wie ändert sich der Betrag des Verschiebungsvektors, wenn Punkt B' näher an Punkt A rückt? Nähert sich dieser Betrag einem Grenzwert? Wenn ja, was ist dieser Grenzwert?

Muss sich der Betrag der mittleren Geschwindigkeit in gleicher Weise ändern? Begründen Sie.

b) Geben Sie die Richtung der Geschwindigkeit des Körpers am Punkt A mithilfe eines Pfeils an. (Beachten Sie, dass mit der Geschwindigkeit *an einem Punkt* eine Momentangeschwindigkeit gemeint ist.)

Wie lässt sich die Richtung der Geschwindigkeit an einem beliebigen Punkt auf der Bahnkurve allgemein beschreiben?

2 Beschleunigung bei Bewegung mit konstantem Geschwindigkeitsbetrag

Der Körper aus Abschnitt 1 bewegt sich nun so auf der ovalen Bahn, dass er dabei weder schneller noch langsamer wird.

© Springer-Verlag GmbH Deutschland, ein Teil von Springer Nature 2018
C. Kautz et al., *Tutorien zur Technischen Mechanik*, https://doi.org/10.1007/978-3-662-56758-6_27

2.1   Geschwindigkeiten

a) Zeichnen Sie auf Ihrem Blatt Vektoren ein, welche die Momentangeschwindigkeiten an den Punkten A und B darstellen.

b) Hat sich der Geschwindigkeits*betrag* des Körpers zwischen A und B geändert? Erklären Sie, wie sich Ihre Antwort anhand der eingezeichneten Vektoren zeigen lässt.

c) Hat sich die *Geschwindigkeit*, d. h. der Geschwindigkeits*vektor* des Körpers zwischen A und B geändert? Erklären Sie, wie sich Ihre Antwort anhand der eingezeichneten Vektoren zeigen lässt.

2.2   Geschwindigkeitsänderung und Beschleunigung

Übertragen Sie die Geschwindigkeitsvektoren $\vec{v}_A$ und $\vec{v}_B$ an eine andere Stelle auf Ihrem Blatt. Zeichnen Sie beide Vektoren vom gleichen Punkt ausgehend ein. Übertragen Sie die beiden Vektoren in gleicher Weise in das folgende Zeichenfeld.

a) Konstruieren Sie mithilfe Ihres Diagramms den *Vektor der Geschwindigkeitsänderung* $\Delta\vec{v}$ auf ihrem Blatt und im Zeichenfeld rechts.

$\vec{v}_A$, $\vec{v}_B$, $\Delta\vec{v}$ und $\vec{a}_{\text{mittel}}$

b) Geben Sie an, wie sich mithilfe des Vektors $\Delta\vec{v}$ die Richtung der mittleren Beschleunigung des Körpers zwischen A und B bestimmen lässt.

Zeichnen Sie einen Vektor ein, der die mittlere Beschleunigung zwischen den Punkten A und B darstellt.

c) Markieren Sie den Winkel θ, der im gezeichneten Dreieck von den Pfeilen $\vec{v}_A$ und $\Delta\vec{v}$ eingeschlossen wird. Ist dieser Winkel *größer*, *kleiner* oder *gleich* 90°?

Wird dieser Winkel *größer* oder *kleiner*, oder bleibt er *gleich groß*, wenn Sie Punkt B immer näher an Punkt A rücken lassen? Begründen Sie Ihre Antwort.

Nähert sich der Winkel einem Grenzwert? Falls ja, wie groß ist dieser Grenzwert?

d) Wenn Punkt B immer näher an Punkt A gewählt wird, geht der Betrag von $\Delta\vec{v}$ gegen null. Gilt dies auch für den Betrag der mittleren Beschleunigung? Begründen Sie.

e) Bestimmen Sie die Richtung der Beschleunigung (d. h. der Momentanbeschleunigung) am Punkt A.

Zeichnen Sie im Zeichenfeld rechts die Vektoren der Geschwindigkeit und der Beschleunigung des Körpers am Punkt A vom gleichen Punkt ausgehend ein. Ist der Winkel zwischen der Beschleunigung und der Geschwindigkeit *größer*, *kleiner* oder *gleich* 90°?

$\vec{v}_A$, $\vec{a}_A$

→ Überprüfen Sie Ihre Ergebnisse in Abschnitt 2.2 zusammen mit einer Tutorin oder einem Tutor.

2.3 Beschleunigung in Abhängigkeit von Krümmung und Geschwindigkeitsbetrag

Wählen Sie nun einen Punkt, an dem die Bahn stärker gekrümmt ist als an Punkt A (z. B. Punkt B).

a) Ist der Betrag der Beschleunigung an diesem Punkt *größer*, *kleiner* oder *gleich* dem Betrag der Beschleunigung am Punkt A? Begründen Sie Ihre Antwort.

b) Geben Sie die Richtung des Beschleunigungsvektors an diesem Punkt an.

c) Zeichnen Sie an jedem der markierten Punkte im nebenstehenden Diagramm den Beschleunigungsvektors des Körpers am jeweiligen Punkt ein. Achten Sie auf Richtung und relativen Betrag.

Ist die Beschleunigung an jedem Punkt der Bahn zum „Mittelpunkt" des Ovals gerichtet?

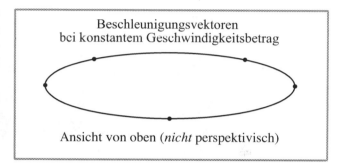

Beschleunigungsvektoren bei konstantem Geschwindigkeitsbetrag

Ansicht von oben (*nicht* perspektivisch)

Nehmen Sie an, der Körper würde sich beim zweiten Umlauf um das Oval schneller bewegen (z. B. doppelt so schnell), aber erneut mit konstantem Geschwindigkeitsbetrag.

d) Wäre der Betrag der Beschleunigung an einem bestimmten Punkt (z. B. Punkt A) in diesem Fall *größer*, *kleiner* oder *gleich* dem Betrag der Beschleunigung bei geringerem Geschwindigkeitsbetrag? Begründen Sie Ihre Antwort ggf. anhand einer Skizze.

2.4 Zusammenfassung

a) Fassen Sie Ihre Ergebnisse aus Abschnitt 2.3 in einer Regel zusammen, mit der sich die Beträge der Beschleunigungen vergleichen lassen, wenn

- die Geschwindigkeitsbeträge an den beiden Punkten gleich sind, sich aber die Krümmungen unterscheiden,

- die Krümmung an den beiden Punkten gleich ist, sich aber die Geschwindigkeitsbeträge unterscheiden.

b) Erinnern Sie sich an die in der Vorlesung angegebene Abhängigkeit der Normalbeschleunigung von Bahngeschwindigkeit und Krümmungsradius. Sind Ihre obigen Ergebnisse damit qualitativ und quantitativ vereinbar?

→ Überprüfen Sie Ihre Ergebnisse in Abschnitt 2.3 und 2.4 mit einer Tutorin oder einem Tutor.

KINEMATIK
Kinematik in der Ebene

3 Beschleunigung bei Bewegungen mit zunehmender Geschwindigkeit

Der Körper wird nun schneller, während er sich auf der ovalen Bahn bewegt.

3.1 Geschwindigkeitsänderung und mittlere Beschleunigung

a) Zeichnen Sie an zwei nahe beieinander liegenden Bahnpunkten die Geschwindigkeitsvektoren ein. Kennzeichnen Sie die beiden Punkte als Punkt C bzw. D.

b) Übertragen Sie die Geschwindigkeitsvektoren $\vec{v}_C$ und $\vec{v}_D$ so in das Zeichenfeld rechts, dass beide Vektoren vom gleichen Punkt ausgehen.

c) Konstruieren Sie mithilfe der so gezeichneten Vektoren den *Vektor der Geschwindigkeitsänderung* $\Delta\vec{v}$.

d) Markieren Sie den Winkel θ, der im gezeichneten Dreieck von den Pfeilen $\vec{v}_C$ und $\Delta\vec{v}$ eingeschlossen wird. Ist dieser Winkel *größer, kleiner* oder *gleich* 90°?

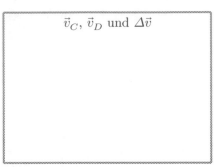

$\vec{v}_C$, $\vec{v}_D$ und $\Delta\vec{v}$

e) Bestimmen Sie die Richtung der mittleren Beschleunigung des Körpers zwischen C und D.

3.2 Momentanbeschleunigung

a) Beschreiben Sie, wie sich mithilfe einer Grenzwertbetrachtung die Richtung der Beschleunigung des Körpers am Punkt C bestimmen lässt.

Betrachten Sie die Beschleunigung am Punkt C. Ist der Winkel zwischen der Beschleunigung und der Geschwindigkeit (wenn beide vom gleichen Punkt ausgehend gezeichnet werden) *größer, kleiner* oder *gleich* 90°?

b) Zwei Studenten diskutieren, wie sich der Winkel θ verändert, wenn Punkt D immer näher an Punkt C gewählt wird:

Johannes: „Der Körper wird schneller und bewegt sich auf einer gekrümmten Bahn. Also müssen sich $\vec{v}_C$ und $\vec{v}_D$ sowohl im Betrag als auch in der Richtung unterscheiden. Wenn Punkt D aber immer näher an Punkt C heranrückt, haben die beiden Vektoren irgendwann fast den gleichen Betrag. Im Grenzfall ist der Winkel also wieder 90° - genau wie bei konstantem Geschwindigkeitsbetrag."

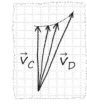

Edmund: „Ich denke auch, dass sich $\vec{v}_C$ und $\vec{v}_D$ sowohl im Betrag als auch in der Richtung unterscheiden. Aber ich glaube, dass das Zeitintervall irgendwann klein genug ist, dass sich die Richtung der mittleren Beschleunigung nicht mehr ändert. Der Winkel θ nähert sich also einem Grenzwert, der größer als 90° ist."

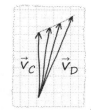

Stimmen Sie einer der beiden Aussagen zu? Wenn ja, welcher? Begründen Sie Ihre Antwort.

c) Betrachten Sie Ihre Antworten in a) im Hinblick auf die Diskussion der beiden Studierenden. Korrigieren Sie ggf. Ihre Antworten dort.

Das vorliegende Arbeitsblatt behandelt die Beschreibung von Bewegungen mithilfe unterschiedlicher Bezugssysteme. Diese können lediglich gegeneinander verschoben sein oder sich relativ zu einander bewegen.

1 Verschiedene Bezugssysteme ohne Relativbewegung

Auf einer geraden Straße befinden sich zwei Wagen sowie mehrere Bälle. Wagen W ist in allen nachfolgenden Situationen in Ruhe. Lage und Orientierung des zweiten Wagens sowie die Bewegungszustände der Bälle sind in jedem Aufgabenteil gesondert angegeben. In allen Skizzen entspricht die Länge eines Kästchens einem Meter.

1.1 Bezugssysteme mit gleicher Orientierung

Wagen W' befindet sich in x-Richtung (d. h. nach Osten) 2 m entfernt von Wagen W und bewegt sich nicht. Ball B_1 liegt in x-Richtung 1 m entfernt von Wagen W' und ist ebenfalls in Ruhe. Ball B_2 befindet sich zum Zeitpunkt $t = 0\,\text{s}$ in x-Richtung 2 m entfernt von Wagen W' und rollt mit einer Geschwindigkeit von $v_2 = 2\,\text{m/s}$ in x-Richtung.

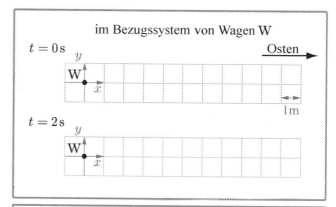

a) Markieren Sie die Orte von Wagen W' sowie der beiden Bälle zu den Zeitpunkten $t = 0\,\text{s}$ und $t = 2\,\text{s}$ im Bezugssystem von Wagen W in der jeweiligen Abbildung rechts.

b) Zeichnen Sie im Zeichenfeld rechts die Ortsvektoren von Wagen W' sowie der beiden Bälle zu den jeweils angegebenen Zeitpunkten im Bezugssystem von Wagen W. Diese werden mit $\vec{r}_{(W')}$ und $\vec{r}_{(B_1)}$ bzw. $\vec{r}_{(B_2)}$ bezeichnet.

c) Zeichnen Sie den Verschiebungsvektor $\Delta\vec{r}_{(B_2)}$ für das Intervall von $t = 0\,\text{s}$ bis $t = 2\,\text{s}$.

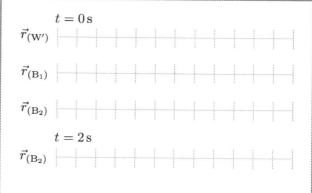

d) Zeichnen Sie die Ortsvektoren von Wagen W und der beiden Bälle zu den jeweils angegebenen Zeitpunkten im Bezugssystem von Wagen W'. Diese werden mit $\vec{r}\,'_{(W)}$ und $\vec{r}\,'_{(B_1)}$ bzw. $\vec{r}\,'_{(B_2)}$ bezeichnet. (*Hinweis:* In Analogie zum Koordinatensystem W ist das Koordinatensystem W' jenes, dessen Achsen parallel zu denen des Koordinatensystems W verlaufen, aber dessen Ursprung in der Mitte von Wagen W' liegt.)

e) Zeichnen Sie den Verschiebungsvektor $\Delta\vec{r}\,'_{(B_2)}$ für das Intervall von $t = 0\,\text{s}$ bis $t = 2\,\text{s}$.

f) Geben Sie die Koordinatendarstellung $\Delta\vec{r}\,'_{(B_2)W'}$ dieses Vektors bezüglich des Koordinatensystems W' an:

$$\Delta\vec{r}\,'_{(B_2)W'} =$$

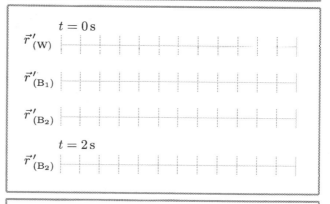

© Springer-Verlag GmbH Deutschland, ein Teil von Springer Nature 2018
C. Kautz et al., *Tutorien zur Technischen Mechanik*, https://doi.org/10.1007/978-3-662-56758-6_28

g) Welche der Vektoren, die Sie gezeichnet haben, sind in beiden Bezugssystemen identisch? Welche sind verschieden?

h) Unterscheidet sich die mittlere Geschwindigkeit von B_2 im Bezugssystem von W' von der im Bezugssystem von W hinsichtlich Betrag oder Richtung? Begründen Sie mithilfe Ihrer Antwort in g).

1.2 Bezugssysteme verschiedener Orientierung

Die Positionen und Bewegungszustände von Wagen W, Ball B_1 und Ball B_2 seien wie in Abschnitt 1.1. Wagen W' wird durch Wagen W'' ersetzt, dessen Koordinatensystem gegenüber dem von Wagen W' in der Zeichenebene um 30° entgegen dem Uhrzeigersinn gedreht ist.

a) Markieren Sie die Orte von Wagen W sowie der beiden Bälle zu den Zeitpunkten $t = 0\,\text{s}$ und $t = 2\,\text{s}$ im Bezugssystem von Wagen W'' in der jeweiligen Abbildung rechts.

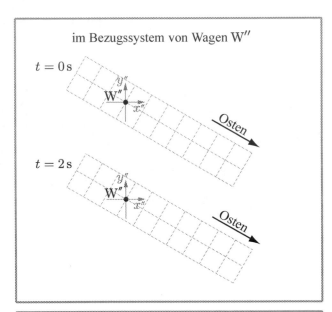

b) Zeichnen Sie die Ortsvektoren B_2 zu den Zeitpunkten $t = 0\,\text{s}$ und $t = 2\,\text{s}$ im Bezugssystem von Wagen W''.

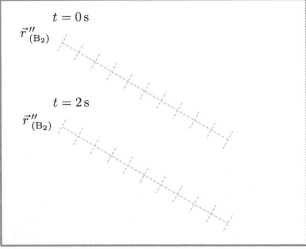

c) Zeichnen Sie den Verschiebungsvektor $\Delta\vec{r}''_{(B_2)}$ für das Intervall von $t = 0\,\text{s}$ bis $t = 2\,\text{s}$.

d) Geben Sie die Koordinatendarstellung $\Delta\vec{r}''_{(B_2)W''}$ dieses Vektors bezüglich des Koordinatensystems W'' an:

$\Delta\vec{r}''_{(B_2)W''} =$

e) Unterscheidet sich der Orts- bzw. Verschiebungsvektor hinsichtlich seiner geometrischen Darstellung in den beiden Bezugssystemen W' und W''?

- $\vec{r}\,''_{(B_2)}$ und $\vec{r}\,'_{(B_2)}$
- $\Delta\vec{r}\,''_{(B_2)}$ und $\Delta\vec{r}\,'_{(B_2)}$

f) Unterscheiden sich die Koordinatendarstellungen der folgenden Orts- bzw. Verschiebungsvektoren in den zu den Bezugssystemen gehörenden Koordinatensystemen?

- $\vec{r}\,''_{(B_2)}$ und $\vec{r}\,'_{(B_2)}$
- $\Delta\vec{r}\,''_{(B_2)}$ und $\Delta\vec{r}\,'_{(B_2)}$

g) Geben Sie die Koordinatendarstellung des Vektors $\vec{v}\,''_{(B_2)}$ bezüglich des Koordinatensystems W' und W'' an:

$$\vec{v}\,''_{(B_2)W'} = \qquad\qquad\qquad \vec{v}\,''_{(B_2)W''} =$$

h) Ist der Betrag der mittleren Geschwindigkeit B_2 im Bezugssystem von W'' *größer*, *kleiner* oder *gleich* der entsprechenden Größe im Bezugssystem von W'?

2 Verschiedene Bezugssysteme mit Relativbewegung

2.1 Bezugssystem des relativ zur Erde unbewegten Wagens W

Wagen W''' befindet sich zum Zeitpunkt $t = 0\,\text{s}$ in x-Richtung $2\,\text{m}$ entfernt von Wagen W und bewegt sich mit einer Geschwindigkeit von $v_{(W''')} = 3\,\text{m/s}$ in x-Richtung. Ball B_2 befindet sich zum Zeitpunkt $t = 0\,\text{s}$ in x-Richtung $2\,\text{m}$ entfernt von Wagen W''' und rollt mit einer Geschwindigkeit von $v_{(B_2)} = 2\,\text{m/s}$ in x-Richtung.

a) Markieren Sie die Orte von Wagen W''' und Ball B_2 zu den Zeitpunkten $t = 0\,\text{s}$ und $t = 2\,\text{s}$ im Bezugssystem von Wagen W in der Abbildung rechts.

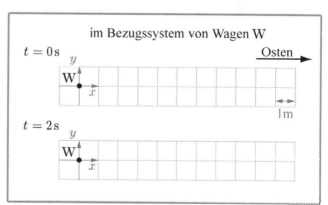

b) Zeichnen Sie die Ortsvektoren von Wagen W''' und Ball B_2 zu den angegebenen Zeitpunkten im Bezugssystem von Wagen W.

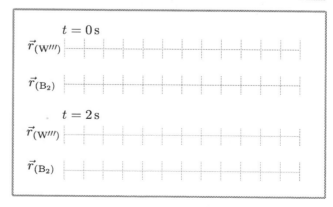

c) Zeichnen Sie die Verschiebungsvektoren $\Delta \vec{r}_{(W''')}$ und $\Delta \vec{r}_{(B_2)}$ für das Intervall von $t = 0\,\mathrm{s}$ bis $t = 2\,\mathrm{s}$.

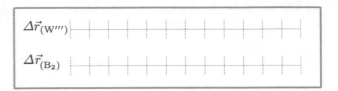

2.2   Bezugssystem des relativ zur Erde bewegten Wagens W'''

a) Markieren Sie die Orte von Wagen W und Ball B_2 zu den Zeitpunkten $t = 0\,\mathrm{s}$ und $t = 2\,\mathrm{s}$ im Bezugssystem von Wagen W''' in der Abbildung rechts.

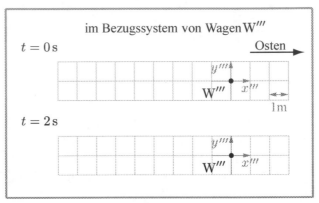

b) Zeichnen Sie die Ortsvektoren $\vec{r}\,'''_{(W)}$ und $\vec{r}\,'''_{(B_2)}$ zu den Zeitpunkten $t = 0\,\mathrm{s}$ und $t = 2\,\mathrm{s}$ im Bezugssystem von Wagen W'''.

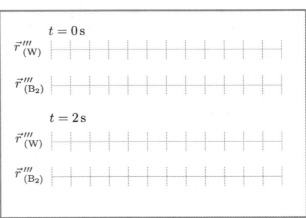

c) Zeichnen Sie die Verschiebungsvektoren $\Delta \vec{r}\,'''_{(W)}$ und $\Delta \vec{r}\,'''_{(B_2)}$ für das Intervall von $t = 0\,\mathrm{s}$ bis $t = 2\,\mathrm{s}$.

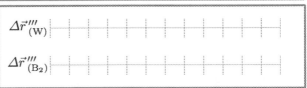

d) Erklären Sie, warum $\Delta \vec{r}\,'''_{(W''')} = \vec{0}$. An welcher der Skizzen in diesem Abschnitt wird dies direkt deutlich?

e) Welche der Vektoren, die Sie gezeichnet haben, sind in beiden Bezugssystemen, d.h. dem von Wagen W und dem von Wagen W''', identisch? Welche sind verschieden?

Erläutern Sie, warum Ihre Antwort hier anders lauten muss als bei der entsprechenden Frage in Aufgabe 1.1g.

f) Stellen Sie den Ortsvektor von B_2 im Bezugssystem von Wagen W durch die Summe aus dem Ortsvektor von B_2 im Bezugssystem von Wagen W''' und einem weiteren Vektor dar.

g) Stellen Sie den Verschiebungsvektor von B_2 für das Intervall von $t = 0\,\mathrm{s}$ bis $t = 2\,\mathrm{s}$ im Bezugssystem von Wagen W durch die Summe aus dem Verschiebungsvektor von B_2 für das Intervall von $t = 0\,\mathrm{s}$ bis $t = 2\,\mathrm{s}$ im Bezugssystem von Wagen W''' und einem weiteren Vektor dar.

h) Stellen Sie den Geschwindigkeitsvektor von B_2 im Bezugssystem von Wagen W durch die Summe aus dem Geschwindigkeitsvektor von B_2 im Bezugssystem von Wagen W''' und einem weiteren Vektor dar.

i) Erläutern Sie anhand der obigen Zusammenhänge, warum sich die Geschwindigkeiten von B_2 in den Bezugssystemen von W''' und W unterscheiden, die in den Systemen W' und W jedoch nicht.

j) Erwarten Sie, dass sich die Beschleunigungen von Ball B_2 in den Systemen W''' und W unterscheiden? Begründen Sie.

In Arbeitsblatt 28 (*Relativbewegung*) wurden nur relativ zueinander ruhende oder geradlinig bewegte Bezugssysteme betrachtet. Im vorliegenden Arbeitsblatt betrachten wir nun rotierende Bezugssysteme.

1 Konstruktion von Ortsvektoren und Geschwindigkeiten

Ähnlich wie in Arbeitsblatt 28 betrachten wir hier verschiedene Wagen und einen Ball auf einer geraden Straße. Die Bewegungszustände des Balls und der Wagen sind in jedem Aufgabenteil gesondert angegeben.

1.1 Ortsvektoren

Wagen W^{iv} befindet sich auf einer Drehscheibe $4\,\mathrm{m}$ in x-Richtung entfernt von Wagen W und dreht sich gleichförmig um $15°$ pro Sekunde. Zum Zeitpunkt $t = 0\,\mathrm{s}$ zeigt die x-Achse des Koordinatensystems von W^{iv} genau nach Osten. Ein Ball B liegt in x-Richtung $3\,\mathrm{m}$ entfernt von Wagen W^{iv}.

a) Markieren Sie die Orte von Wagen W^{iv} sowie des Balls B zum Zeitpunkt $t = 0\,\mathrm{s}$ im Bezugssystem von Wagen W in der Abbildung.

b) Zeichnen Sie den Ortsvektor von Ball B zu den Zeitpunkten $t = 0\,\mathrm{s}$ und $t = 2\,\mathrm{s}$ im Bezugssystem von Wagen W.

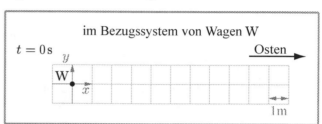

c) Geben Sie die Koordinatendarstellungen des Ortsvektors zu den beiden Zeitpunkten an:

$$\vec{r}_{(B)W}(0\,\mathrm{s}) =$$

$$\vec{r}_{(B)W}(2\,\mathrm{s}) =$$

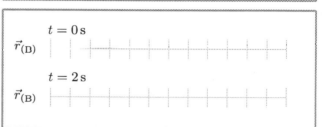

d) Markieren Sie die Orte von Wagen W sowie des Balls B zum Zeitpunkt $t = 2\,\mathrm{s}$ im Bezugssystem von Wagen W^{iv} in der Abbildung.

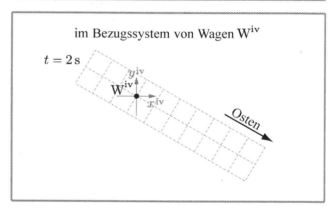

e) Zeichnen Sie den Ortsvektor von Ball B zu den Zeitpunkten $t = 0\,\mathrm{s}$ und $t = 2\,\mathrm{s}$ im Bezugssystem von Wagen W^{iv}.

f) Geben Sie die Koordinatendarstellungen dieses Vektors zu den beiden Zeitpunkten an:

$$\vec{r}^{\,iv}_{(B)W^{iv}}(0\,\mathrm{s}) =$$

$$\vec{r}^{\,iv}_{(B)W^{iv}}(2\,\mathrm{s}) =$$

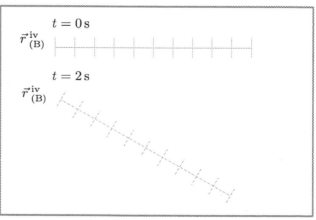

© Springer-Verlag GmbH Deutschland, ein Teil von Springer Nature 2018
C. Kautz et al., *Tutorien zur Technischen Mechanik*, https://doi.org/10.1007/978-3-662-56758-6_29

g) Bestimmen Sie die Winkelgeschwindigkeit ω der Drehung von W^{iv}.

h) Geben Sie die Koordinatendarstellung des Ortsvektors $\vec{r}\,^{\mathrm{iv}}_{(\mathrm{B})}$ als Funktion der Zeit an:

$$\vec{r}\,^{\mathrm{iv}}_{(\mathrm{B})\mathrm{W}^{\mathrm{iv}}}(t) =$$

1.2 Verschiebungen

a) Zeichnen Sie den Verschiebungsvektor von Ball B im Intervall von $t = 0\,\mathrm{s}$ bis $t = 2\,\mathrm{s}$ im Bezugssystem von Wagen W.

b) Zeichnen Sie den Verschiebungsvektor von Ball B im Intervall von $t = 0\,\mathrm{s}$ bis $t = 2\,\mathrm{s}$ im Bezugssystem von Wagen W^{iv}.

c) Geben Sie die folgenden Koordinatendarstellungen an:

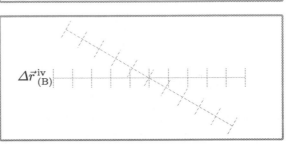

$$\Delta\vec{r}_{(\mathrm{B})\mathrm{W}} =$$

$$\Delta\vec{r}\,^{\mathrm{iv}}_{(\mathrm{B})\mathrm{W}^{\mathrm{iv}}} =$$

1.3 Geschwindigkeiten

a) Bestimmen Sie aus den obigen Größen die Vektoren der *mittleren* Geschwindigkeiten im Intervall von $t = 0\,\mathrm{s}$ bis $t = 2\,\mathrm{s}$ in den jeweiligen Koordinatendarstellungen.

$$\overline{\vec{v}}_{(\mathrm{B})\mathrm{W}} = \qquad\qquad\qquad \overline{\vec{v}\,^{\mathrm{iv}}}_{(\mathrm{B})\mathrm{W}^{\mathrm{iv}}} =$$

b) Ist eine der beiden Geschwindigkeiten in a) von null verschieden?

Wie würde sich diese Geschwindigkeit ändern, wenn Sie anstatt des Intervalls von $t = 0\,\mathrm{s}$ bis $t = 2\,\mathrm{s}$ ein kleineres Zeitintervall betrachtet hätten, z.B. das Intervall von $t = 0\,\mathrm{s}$ bis $t = 1\,\mathrm{s}$?

c) Skizzieren Sie die entsprechenden Vektoren der Momentangeschwindigkeiten $\vec{v}_{(\mathrm{B})}$ und $\vec{v}\,^{\mathrm{iv}}_{(\mathrm{B})}$ zum Zeitpunkt $t = 0\,\mathrm{s}$ und geben Sie deren Koordinatendarstellungen an:

$$\vec{v}_{(\mathrm{B})\mathrm{W}}(0\,\mathrm{s}) =$$

$$\vec{v}\,^{\mathrm{iv}}_{(\mathrm{B})\mathrm{W}^{\mathrm{iv}}}(0\,\mathrm{s}) =$$

Momentangeschwindigkeit $\vec{v}_{(\mathrm{B})}$

Momentangeschwindigkeit $\vec{v}\,^{\mathrm{iv}}_{(\mathrm{B})}$

2 Transformation der Geschwindigkeiten sowie Beschleunigungen

2.1 Transformation der Geschwindigkeiten

In Lehrbüchern wird die Regel für die zeitliche Ableitung einer kinematischen Größe $\vec{A}$ bezüglich gegeneinander rotierender Bezugsysteme ohne Translationsbewegung häufig folgendermaßen angegeben:

$$\frac{\mathrm{d}}{\mathrm{d}t}\vec{A} = \frac{\mathrm{d}'}{\mathrm{d}t}\vec{A} + \vec{\omega} \times \vec{A} \tag{1}$$

Hierbei bedeutet $\vec{\omega}$ die Winkelgeschwindigkeit des auf der rechten Seite verwendeten Systems bezüglich des auf der linken Seite verwendeten Systems.

a) Beschreiben Sie jede der in Gleichung (1) auftretenden Größen in Worten.

b) Geben Sie die Gleichung für den hier vorliegenden Fall der Transformation der Geschwindigkeiten explizit an.

c) Welchen Wert erwarten Sie für die Größe links vom Gleichheitszeichen?

d) Sind Ihre Ergebnisse in Abschnitt 1.3 mit der obigen Gleichung (1) vereinbar? Überprüfen Sie hierfür die Werte aller Terme in der Gleichung.

2.2 Transformation der Geschwindigkeiten für im rotierenden System ruhenden Körper

Die obige Gleichung (1) soll nun auf den Fall eines im rotierenden System ruhenden Körpers angewendet werden.

a) Welche Größe ist in diesem Fall vorgegeben?

b) Bestimmen Sie die Geschwindigkeit im ruhenden (d. h. raumfesten) System.

Stimmt Ihr rechnerisches Ergebnis mit Ihren Erwartungen überein?

2.3 Beschleunigungen

a) Skizzieren Sie den Vektor $\vec{v}_{(B)}^{\,iv}$ zum Zeitpunkt $t = 2\,\mathrm{s}$ und geben Sie seine Koordinatendarstellung im System W^{iv} an:

$\vec{v}_{(B)\mathrm{W}^{iv}}^{\,iv}(2\,\mathrm{s}) =$

$$\boxed{\text{Momentangeschwindigkeit } \vec{v}_{(B)}^{\,iv}}$$

b) Unterscheidet sich dieser Vektor von der Geschwindigkeit $\vec{v}_{(B)}^{\,iv}$ zum Zeitpunkt $t = 0\,\mathrm{s}$ in Aufgabe 1.3c?

c) Bestimmen Sie aus den obigen Größen den Vektor der *Geschwindigkeitsänderung*:

$$\Delta\vec{v}_{(B)\mathrm{W}^{iv}}^{\,iv} =$$

d) Bestimmen Sie den Vektor der *mittleren* Beschleunigung:

$$\overline{\vec{a}^{\,iv}}_{(B)\mathrm{W}^{iv}} =$$

2.4 Transformation der Beschleunigungen

Aus der oben angegebenen Regel für die zeitliche Ableitung der kinematischen Größen in rotierenden Systemen ergibt sich für die Beschleunigung der folgende Zusammenhang:

$$\vec{a} = \frac{\mathrm{d}'^2\vec{r}\,'}{\mathrm{d}t^2} + \frac{\mathrm{d}^2}{\mathrm{d}t^2}\vec{r}_{0'} + \left(\frac{\mathrm{d}}{\mathrm{d}t}\vec{\omega}\right) \times \vec{r}\,' + \vec{\omega} \times (\vec{\omega} \times \vec{r}\,') + 2\left(\vec{\omega} \times \frac{\mathrm{d}'\vec{r}\,'}{\mathrm{d}t}\right) \tag{2}$$

a) Beschreiben Sie jede der in Gleichung (2) auftretenden Größen in Worten.

b) Identifizieren Sie die im vorliegenden Beispiel explizit angegebenen Größen.

c) Welchen Wert erwarten Sie für die Größe links vom Gleichheitszeichen?

Kinetik

IV

Im vorliegenden Arbeitsblatt untersuchen wir Kräfte auf bewegte Systeme. Wir verwenden dabei die gleiche Betrachtungsweise wie in Arbeitsblatt 1 (*Kräfte*) im Teil I (*Statik*) dieser Lehrmaterialien.

1 Anwendung der Newton'schen Gesetze auf wechselwirkende Körper

1.1 Konstante Geschwindigkeit

Drei gleiche Ziegelsteine werden mit *konstanter* Geschwindigkeit über die Oberfläche eines Tisches geschoben. Die Hand schiebt dabei waagerecht (siehe Abbildung). Zwischen den Steinen und dem Tisch tritt Reibung auf. Die beiden linken Steine werden als System A und der rechte Stein wird als System B bezeichnet.

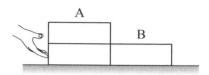

a) Vergleichen Sie die auf System A wirkende *resultierende Kraft* (nach Betrag und Richtung) mit der resultierenden Kraft auf System B. Begründen Sie Ihre Antwort.

b) Zeichnen Sie jeweils ein Freikörperbild für System A und System B. Kennzeichnen Sie alle Kräfte in Ihren Diagrammen durch Angabe der folgenden Informationen: die Art der Kraft, den Körper, auf den sie wirkt, und den Körper, der sie ausübt.

Freikörperbild für System A	Freikörperbild für System B

c) Ist der Betrag der Kraft, die System B auf System A ausübt, *größer*, *kleiner* oder *gleich* dem Betrag der Kraft, die System A auf System B ausübt? Begründen Sie.

Wie würde sich Ihre Antwort ändern, wenn die Hand System B nach links schieben würde, anstatt System A nach rechts zu schieben? Falls Ihre Antwort in diesem Fall gleich bleibt, erklären Sie, warum.

d) Kennzeichnen Sie sämtliche auftretenden Newton'schen Kräftepaare in Ihren Freikörperbildern mithilfe eines oder mehrerer Kreuze (×) an jedem der beiden Kräftepfeile eines Paares. (Markieren Sie also beide Vektoren des ersten Paares durch $\longmapsto$, beide Vektoren des zweiten Paares durch $\longmapsto\!\!\!\!\times\!\!\!\times\!\!\to$ usw.)

Nach welchen Kriterien haben Sie die Newton'schen Kräftepaare identifiziert? Wie lässt sich die in Arbeitsblatt 1 eingeführte Notation (z. B. $\vec{F}_G^{KE}$ für die Gewichtskraft, die von der Erde auf die Kiste ausgeübt wird) hierfür nutzen?

e) Sind Ihre Antworten in c) mit den von Ihnen gefundenen Newton'schen Kräftepaaren in d) vereinbar? Wenn ja, geben Sie an, wie. Wenn nicht, lösen Sie den Widerspruch auf.

© Springer-Verlag GmbH Deutschland, ein Teil von Springer Nature 2018
C. Kautz et al., *Tutorien zur Technischen Mechanik*, https://doi.org/10.1007/978-3-662-56758-6_30

f) Ordnen Sie alle horizontalen Kräfte in den beiden Diagrammen in b) nach ihrem Betrag. (*Hinweis:* Beachten Sie, dass sich die Ziegelsteine mit konstanter Geschwindigkeit bewegen.)

Haben Sie beim Vergleich der Beträge der horizontalen Kräfte das *zweite* Newton'sche Gesetz verwendet? Wenn ja, beschreiben Sie kurz, an welcher Stelle.

Haben Sie beim Vergleich der Beträge der horizontalen Kräfte das *dritte* Newton'sche Gesetz verwendet? Wenn ja, beschreiben Sie kurz, an welcher Stelle.

Welche weiteren Informationen (zusätzlich zu den Newton'schen Gesetzen) haben Sie beim Vergleich der Beträge noch verwendet?

g) Die Masse eines Ziegelsteines sei m, der Gleitreibungskoeffizient zwischen Ziegelstein und Tisch μ. Die Steine bewegen sich mit einer konstanten Geschwindigkeit vom Betrag v. Die Erdbeschleunigung ist g.

Bestimmen Sie die Kräfte in Ihren Freikörperbildern in b).

h) Ändern sich Ihre Antworten, wenn sich die Steine nur halb so schnell bewegen? Begründen Sie.

1.2 Veränderliche Geschwindigkeit

Die Hand drückt nun mit der gleichen Kraft gegen die Ziegelsteine wie in Abschnitt 1.1. Der Gleitreibungskoeffizient zwischen den Ziegelsteinen und dem Tisch ist nun jedoch *geringer* als zuvor (siehe Abbildung).

a) Beschreiben Sie die Bewegung der Systeme A und B. Wie unterscheidet sich die Bewegung von der in Abschnitt 1.1?

b) Vergleichen Sie die resultierende Kraft auf System A (nach Betrag und Richtung) mit der resultierenden Kraft auf System B. Begründen Sie Ihre Antwort.

c) Zeichnen und beschriften Sie jeweils ein Freikörperbild für System A und B.

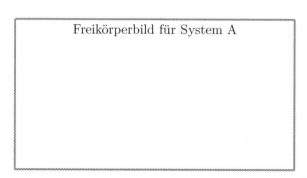

| Freikörperbild für System A | Freikörperbild für System B |

d) Betrachten Sie die folgende Diskussion zwischen zwei Studierenden:

Ali: „System A und System B werden mit der gleichen Kraft wie vorher geschoben. Deshalb bewegen sie sich auch genauso wie vorher."

Jean: „Da bin ich anderer Meinung. Ich glaube, dass sie schneller werden, weil die Reibung geringer ist. System A drückt deshalb mit einer größeren Kraft gegen System B als die Kraft, mit der System B gegen System A drückt."

Stimmen Sie einer der beiden Aussagen zu? Wenn ja, welcher? Begründen Sie Ihre Antwort.

e) Ordnen Sie alle *horizontalen* Kräfte, die in Ihren Freikörperbildern in c) auftreten, nach deren Betrag. Begründen Sie Ihre Antwort. Geben Sie explizit an, wie Sie das zweite und dritte Newton'sche Gesetz beim Vergleich der Kräfte verwendet haben.

Ist es möglich, die horizontalen Kräfte in eine *eindeutige* Reihenfolge zu sortieren?

1.3 Gesamtsystem bei veränderlicher Geschwindigkeit

Das aus allen drei Ziegelsteinen bestehende System soll als System C bezeichnet werden (siehe Abbildung). Die Bewegung der Steine ist dieselbe wie in Abschnitt 1.2.

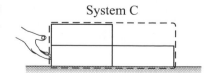

System C

a) Vergleichen Sie den Betrag der auf System C wirkenden *resultierenden Kraft* mit den einzelnen Beträgen der auf die Systeme A und B wirkenden *resultierenden Kräfte*. Begründen Sie.

b) Zeichnen und beschriften Sie ein Freikörperbild für System C.

c) Vergleichen Sie Ihr Freikörperbild für System C mit den Freikörperbildern für die Systeme A und B, indem Sie für jede der im Freikörperbild für System C auftretenden Kräfte die entsprechende Kraft oder die entsprechenden Kräfte in den Freikörperbildern für die Systeme A und B in Abschnitt 1.2 angeben.

Freikörperbild für System C

Gibt es Kräfte in Ihren Diagrammen für die Systeme A und B, die in dieser Zuordnung nicht auftreten? Wenn ja, was haben diese Kräfte miteinander gemein, das sie von den anderen Kräften unterscheidet?

Warum ist es für die Bestimmung der Bewegung von System C nicht notwendig, diese Kräfte zu berücksichtigen?

WICHTIG: Zur Unterscheidung von *äußeren Kräften* werden solche Kräfte als *innere Kräfte* bezeichnet.

2 Interpretation von Freikörperbildern

2.1 Freikörperbild eines Wagens

Die Abbildung rechts zeigt ein Freikörperbild für einen Wagen, auf den unter anderem eine Seilkraft in Wagenlängsrichtung wirkt. Sämtliche Kräfte sind maßstabsgetreu eingezeichnet.

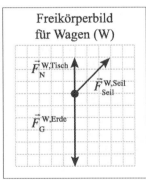

Freikörperbild für Wagen (W)

$\vec{F}_N^{W,Tisch}$ $\vec{F}_{Seil}^{W,Seil}$ $\vec{F}_G^{W,Erde}$

a) Skizzieren Sie den Wagen und das Seil so, wie diese in einem Laborversuch zu sehen wären.

b) Was lässt sich aufgrund des Freikörperbildes über die Beschleunigung aussagen?

c) Was lässt sich aufgrund des Freikörperbildes über die Bewegung des Wagens aussagen?

Skizze von Wagen und Seil

Erklären Sie, welche Fälle möglich sind, und beschreiben Sie für jeden möglichen Fall die Bewegung des Wagens.

Wie bereits in Arbeitsblatt 9 (*Kräfte an Seilen*) in Teil I (*Statik*) werden auch im vorliegenden Arbeitsblatt Kräfte betrachtet, die im Zusammenhang mit Seilen auftreten. Hier untersuchen wir jedoch beschleunigte Situationen und gehen der Frage nach, ob Seile Kräfte, die auf einen Körper wirken, auf einen anderen Körper übertragen.

1   Kräfte auf Seile unterschiedlicher Masse

1.1   Durch ein dickes Seil verbundene Klötze

Zwei massebehaftete Holzklötze (A und B) sind durch ein dickes Seil der Masse M miteinander verbunden (siehe Abbildung). Klotz B erfährt eine konstante horizontale Kraft nach rechts. Nehmen Sie an, dass zwischen den Klötzen und dem Tisch keine Reibung auftritt und dass die Klötze zum betrachteten Zeitpunkt sich bereits eine Weile nach rechts bewegen.

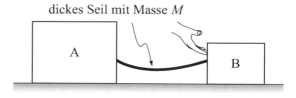

dickes Seil mit Masse M

a) Beschreiben Sie jeweils die von Klotz A, Klotz B und vom Seil ausgeführte Bewegung.

b) Skizzieren Sie auf einem großen Blatt Papier jeweils ein Freikörperbild für Klotz A, für Klotz B und für das Seil, und kennzeichnen Sie die auftretenden Kräfte. Übertragen Sie die Freikörperbilder nach der Diskussion in Ihrer Arbeitsgruppe in die folgenden Zeichenfelder.

| Freikörperbild für Klotz A | Freikörperbild für Seil | Freikörperbild für Klotz B |

c) Kennzeichnen Sie sämtliche auftretenden Newton'schen Kräftepaare in Ihren Freikörperbildern mithilfe eines oder mehrerer Kreuze (×) an jedem der beiden Kräftepfeile eines Paares. Markieren Sie also beide Vektoren des ersten Paares durch ⟶×⟶, beide Vektoren des zweiten Paares durch ⟶××⟶ usw.

d) Ordnen Sie die Horizontalkomponenten aller Kräfte in den Freikörperbildern nach ihren Beträgen. Begründen Sie Ihre Antwort.

e) Betrachten Sie noch einmal die Horizontalkomponenten der Kräfte, die durch die Klötze A und B auf das Seil ausgeübt werden. Ist Ihre Aussage über die relative Größe dieser beiden Kraftkomponenten mit der Bewegung des Seils und der auf das Seil wirkenden resultierenden Kraft vereinbar?

→ Diskutieren Sie Ihre Antworten mit einer Tutorin oder einem Tutor, bevor Sie die Arbeit fortsetzen.

© Springer-Verlag GmbH Deutschland, ein Teil von Springer Nature 2018
C. Kautz et al., *Tutorien zur Technischen Mechanik*, https://doi.org/10.1007/978-3-662-56758-6_31

1.2 Durch ein dünnes Seil verbundene Klötze

Die beiden Holzklötze aus Abschnitt 1.1 sind nun durch ein sehr dünnes, nicht dehnbares Seil der Masse m (mit $m < M$) verbunden (siehe Abbildung). Sie bewegen sich in der gleichen Weise wie in Abschnitt 1.1.

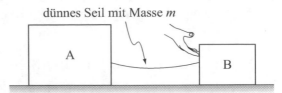

dünnes Seil mit Masse m

A

B

a) Wie unterscheidet sich die auf das *dünne Seil* wirkende resultierende Kraft von der resultierenden Kraft auf das *dicke Seil*?

b) Vergleichen Sie die resultierenden Kräfte auf die folgenden Körper jeweils mit der resultierenden Kraft auf den entsprechenden Körper in Abschnitt 1.1:

  • Klotz A,

  • Klotz B,

  • das Gesamtsystem bestehend aus den Klötzen und dem verbindenden Seil.

  Begründen Sie Ihre Antworten.

c) Vergleichen Sie jeweils die Horizontalkomponenten der entsprechenden Kräfte in Abschnitt 1.1 und 1.2 für:

  • die durch Klotz A auf das dicke bzw. dünne Seil ausgeübte Kraft,

  • die durch Klotz B auf das dicke bzw. dünne Seil ausgeübte Kraft.

  Begründen Sie Ihre Antworten.

d) Nehmen Sie an, die Masse des Seils zwischen Klotz A und B würde immer weiter verringert, aber die Bewegung bliebe gleich wie in Abschnitt 1.1. Wie ändern sich:

  • der Betrag der resultierenden Kraft auf das Seil?

  • die Beträge der durch die Klötze A und B auf das Seil ausgeübten Kräfte?

WICHTIG: Ein Seil übt auf jeden der beiden Körper, die mit ihm verbunden sind, eine Kraft aus. In der idealisierten Vorstellung eines masselosen Seils bezeichnet man den Betrag beider Kräfte oft als „Zugkraft im Seil".

e) Ist die Verwendung eines *einzigen Wertes* für die Beträge beider Kräfte gerechtfertigt? Begründen Sie Ihre Antwort.

f) Angenommen, die resultierende Kraft auf ein masseloses Seil ist gleich null. Was lässt sich damit über die Bewegung des Seils aussagen?

Kann man auf ein masseloses Seil eine (nicht verschwindende) Kraft ausüben? Kann ein masseloses Seil eine (nicht verschwindende) resultierende Kraft erfahren? Begründen Sie.

2 Anwendung: Die Atwood'sche Fallmaschine

Die abgebildete Atwood'sche Fallmaschine besteht aus zwei Körpern, die durch ein masseloses Seil verbunden sind. Das Seil läuft über eine reibungsfreie und masselose Rolle. Körper D befindet sich anfänglich oberhalb von Körper C und wird festgehalten, sodass sich keiner der beiden Körper bewegt. Dann wird Körper D losgelassen.

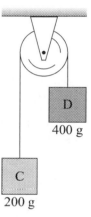

2.1 Qualitative Betrachtungen

a) Erwarten Sie, dass die Kraft vom Seil auf Körper C *größer*, *kleiner* oder *gleich* dem Gewicht von Körper D ist? Begründen Sie Ihre Vermutung, ohne Formeln oder Gleichungen zu verwenden.

b) Wird sich Körper D bewegen? Wenn ja, wie? Begründen Sie Ihre Vermutung, ohne Formeln oder Gleichungen zu verwenden.

c) Wird sich Körper C bewegen? Wenn ja, wie? Begründen Sie Ihre Vermutung, ohne Formeln oder Gleichungen zu verwenden.

d) Angenommen, die beiden Körper bewegen sich. Welcher Zusammenhang besteht dann zwischen den Geschwindigkeiten bzw. den Beschleunigungen von Körper C und D, kurz nachdem Körper D losgelassen wurde?

e) Skizzieren und beschriften Sie getrennte Freikörperbilder für Körper C und D, nachdem diese losgelassen wurden. Stellen Sie dabei die relative Größe der Kräfte durch die Länge der Vektoren dar.

Freikörperbild für Körper C	Freikörperbild für Körper D

KINETIK
Kräfte in beschleunigten

f) Sind die Beträge der eingezeichneten Kräfte qualitativ vereinbar mit

- Ihrem Ergebnis in Aufgabe 1.2f über die Kräfte, die auf bzw. von einem masselosen Seil ausgeübt werden?

- Ihrer Vermutung über die Bewegungszustände der beiden Körper?

Begründen Sie Ihre Antworten.

2.2   Quantitative Betrachtung des Beispielsystems

Das Gewicht eines Massestücks von $200\,\mathrm{g}$ beträgt $(0{,}2\,\mathrm{kg})(9{,}8\,\mathrm{m/s^2}) \approx 2\,\mathrm{N}$; das eines Massestücks von $400\,\mathrm{g}$ entsprechend etwa $4\,\mathrm{N}$.

a) Vergleichen Sie die vom Seil auf Körper C bzw. auf Körper D ausgeübte Kraft mit diesen beiden Gewichtskräften.

b) Wie verhalten sich die resultierenden Kräfte auf die beiden Körper zueinander?

c) Ist es möglich, dass die Seilkraft betragsmäßig gerade dem Mittelwert der beiden Gewichtskräfte entspricht? Begründen Sie.

d) Geben Sie nun ohne formale Rechnung einen Wert für die Seilkraft an, sodass die Bedingung in b) erfüllt ist.

e) Betrachten Sie die folgende Aussage eines Studenten über die Atwood'sche Fallmaschine.

   „Seile können ja nur Kräfte von einem Körper auf einen anderen übertragen. Das bedeutet, dass das Seil in der Atwood'schen Fallmaschine nur das Gewicht eines Blockes auf den anderen überträgt."

   Stimmen Sie dieser Aussage zu? Begründen Sie Ihre Antwort. Erläutern Sie hierbei auch, inwiefern der Bewegungszustand der verbundenen Körper eine Rolle spielt.

In der bisherigen Betrachtung wurden Kräfte als Wechselwirkungen zwischen zwei Körpern verstanden. Dadurch ließ sich die Bewegung von Körpern in nicht beschleunigten Bezugssystemen (d. h. Inertialsystemen) mithilfe der Newton'schen Gesetze erklären und berechnen. Im vorliegenden Arbeitsblatt betrachten wir die Bewegung von Körpern in bewegten und beschleunigten Bezugssystemen.

1 Betrachtungen im Bezugssystem der Erde

1.1 Gleichförmige Bewegung

Eine schwere Kiste befindet sich in einem Aufzug, der sich mit gleichförmiger Geschwindigkeit aufwärts bewegt (siehe Abbildung).

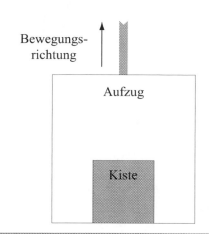

a) Skizzieren Sie ein Freikörperbild für die Kiste im Bezugssystem der Erde (d. h. wie bisher). Geben Sie für jede eingezeichnete Kraft an, welcher Körper diese Kraft auf die Kiste ausübt.

b) Ist die resultierende Kraft auf die Kiste *gleich null* oder *ungleich null*? Begründen Sie kurz.

   Vergleichen Sie die Beträge der auftretenden Kräfte.

c) Beschreiben Sie kurz, wie Sie den Betrag einer der beiden Kräfte messen könnten.

> Freikörperbild für Kiste
> im Bezugssystem *Erde*

1.2 Beschleunigte Bewegung

Der Aufzug nähert sich nun seinem Ziel und wird dabei langsamer.

a) Stellen Sie im linken nebenstehenden Zeichenfeld die Richtung der Beschleunigung der Kiste dar.

b) Stellen Sie im rechten Zeichenfeld die Richtung der resultierenden Kraft auf die Kiste dar. Falls die resultierende Kraft auf die Kiste gleich null ist, geben Sie dies ausdrücklich an.

Richtung der Beschleunigung der Kiste	Richtung der resultierenden Kraft auf Kiste

Betrachten Sie noch einmal das Freikörperbild der Kiste aus Abschnitt 1.1 im Zusammenhang mit dem veränderten Bewegungszustand.

c) Treten in der nun betrachteten Situation zusätzliche Kräfte auf, oder ändern sich Beträge von bereits zuvor aufgetretenen Kräften? Begründen Sie.

d) Angenommen, die Kiste steht im Aufzug auf einer Personenwaage. Ändert sich die Anzeige der Waage im Vergleich zu der Situation in Abschnitt 1.1? Wenn ja, wie?

e) Sind Ihre Antworten mit dem Bewegungszustand der Kiste vereinbar?

© Springer-Verlag GmbH Deutschland, ein Teil von Springer Nature 2018
C. Kautz et al., *Tutorien zur Technischen Mechanik*, https://doi.org/10.1007/978-3-662-56758-6_32

f) Skizzieren Sie ein Freikörperbild für die Kiste in der jetzt betrachteten Situation.

g) Geben Sie einen mathematischen Ausdruck für den Betrag der auf die Kiste wirkenden Normalkraft an. Verwenden Sie hierbei m für die Masse der Kiste, a für den Betrag der Beschleunigung des Aufzugs und g für die Erdbeschleunigung.

Freikörperbild für Kiste im langsamer werdenden Aufzug

2 Betrachtung im Bezugssystem des Aufzugs

2.1 Kräftebilanz im beschleunigten System

Betrachten Sie die Situation in Abschnitt 1.2 nun aus der Perspektive eines Beobachters im bewegten Aufzug.

a) Stellen Sie im Zeichenfeld rechts mithilfe eines Pfeils die Richtung der Beschleunigung der Kiste dar. Falls die Beschleunigung der Kiste gleich null ist, geben Sie dies ausdrücklich an.

b) Welche Kräfte infolge physikalischer Wechselwirkungen treten hier auf? Betrachten Sie nur solche Kräfte, für die Sie angeben können, welcher Körper die jeweilige Kraft auf die Kiste ausübt.

Richtung der Beschleunigung der Kiste

c) Unterscheiden sich die Beträge der auftretenden Kräfte von denen in Abschnitt 1.2? Begründen Sie.

d) Hat sich die Anzeige der Waage aus Abschnitt 1.2 dadurch geändert, dass Sie die gleiche physikalische Situation nun in einem anderen Bezugssystem betrachten?

e) Erläutern Sie, inwiefern hier das zweite Newton'sche Gesetz verletzt ist.

WICHTIG: Im Bezugssystem des mitbewegten (also relativ zur Erde beschleunigten) Beobachters tritt ein Kräfteungleichgewicht auf, obwohl die Beschleunigung der Kiste null ist. Dies ist darauf zurückzuführen, dass das gewählte Bezugssystem kein Inertialsystem ist. Man führt deshalb zusätzliche Kräfte ein, um die Beobachtungen mit dem zweiten Newton'schen Gesetz in Einklang zu bringen. Diese Kräfte sind nicht Ausdruck einer physikalischen Wechselwirkung zwischen zwei Körpern und werden deshalb als *Scheinkräfte* oder *Trägheitskräfte* bezeichnet.

2.2 Trägheitskräfte

Skizzieren Sie ein Freikörperbild für die Kiste im Bezugssystem des (von außen gesehen langsamer werdenden) Aufzugs wie folgt:

a) Tragen Sie im Zeichenfeld zunächst die Kräfte ein, die Ausdruck einer physikalischen Wechselwirkung sind.

b) Welche Richtung muss in dieser Situation die Trägheitskraft auf die Kiste haben, um formal ein Kräftegleichgewicht wiederherzustellen?

> Freikörperbild für Kiste
> im Bezugssystem *Aufzug*

WICHTIG: Wir erweitern hier den Begriff des Freischneidens für *beschleunigte Bezugssysteme*, indem wir nun auch Trägheitskräfte einzeichnen, obwohl diese nicht Ausdruck einer physikalischen Wechselwirkung sind. Dies wird jedoch in der Literatur zur Technischen Mechanik unterschiedlich gehandhabt.

c) Vervollständigen Sie nun das Freikörperbild für die Kiste im Bezugssystem des Aufzugs, indem Sie die Trägheitskraft eintragen.

d) Geben Sie einen algebraischen Ausdruck für die Trägheitskraft an, der sowohl ihren Betrag als auch ihre Richtung wiedergibt.

e) Von welchen Größen hängt also die Trägheitskraft auf einen Körper ab, der sich relativ zu einem geradlinig beschleunigten Bezugssystem in Ruhe befindet?

3 Trägheitskräfte in rotierenden Systemen

Ein Klotz befindet sich auf einem mit konstanter Winkelgeschwindigkeit rotierenden Drehtisch und wird durch einen Faden an einem festen Punkt auf dem rotierenden Tisch gehalten, dreht sich also mit dem Drehtisch mit (siehe Abbildung). Im Weiteren soll dann die Reibung zwischen Klotz und Drehtisch vernachlässigt werden.

Ansicht von schräg oben

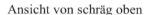

3.1 Betrachtung im Inertialsystem

a) Besitzt der Körper im raumfesten Bezugssystem eine von null verschiedene Geschwindigkeit, wenn er sich relativ zum Drehtisch in Ruhe befindet? Wenn ja, geben Sie in der nebenstehenden Abbildung mithilfe eines Pfeils die Richtung der Geschwindigkeit zum dargestellten Zeitpunkt an und bestimmen Sie deren Betrag. Wenn nein, geben Sie dies ausdrücklich an.

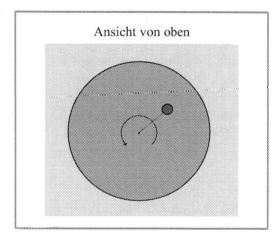

Ansicht von oben

b) Welche horizontalen Kräfte wirken im raumfesten Bezugssystem auf den Körper, solange er durch den Faden festgehalten wird und sich relativ zum Drehtisch in Ruhe befindet?

Der Klotz wird nun losgelassen. Es wird beobachtet, dass er sich relativ zum Drehtisch in Bewegung setzt.

c) Welche horizontalen Kräfte wirken im raumfesten Bezugssystem auf den Körper, nachdem er losgelassen wurde?

d) Welche Art von Bewegung erwarten Sie aufgrund der Newton'schen Bewegungsgesetze für den Klotz im raumfesten Bezugssystem?

e) Skizzieren Sie die Bahnkurve des Klotzes im raumfesten Bezugssystem in der Abbildung oben.

3.2 Bahnkurve im rotierenden System

Bitten Sie Ihre Tutorin bzw. Ihren Tutor um die Materialien (bedrucktes Blatt und Folie), die Sie für die Konstruktion der Bahnkurve im rotierenden Bezugssystem benötigen. Die in einer Linie angeordneten Punkte auf dem Blatt stellen die Aufenthaltsorte des Körpers im raumfesten Bezugssystem nach jeweils gleichen Zeitintervallen dar, d. h. $t_1 = t_0 + \Delta t$, $t_2 = t_0 + 2\Delta t$ usw. (*Hinweis:* Die Darstellung der Bahnkurve im raumfesten Bezugssystem ist zusätzlich in der Abbildung auf der nächsten Seite dieses Buches wiedergegeben. Es bietet sich jedoch an, die Konstruktion mithilfe der Folie und des separaten Blattes vorzunehmen.)

a) Stimmt die vorgegebene Bahnkurve mit Ihren Antworten in Aufgabe 3.1c bis 3.1e überein? Wenn nicht, lösen Sie den Widerspruch auf.

b) Markieren Sie nun auf der drehbaren Folie die Orte des Körpers zu denselben Zeiten t_1, t_2 usw. im *rotierenden* System. Drehen Sie dazu die Scheibe jeweils entgegen dem Uhrzeigersinn um eine markierte Winkeleinheit weiter. (*Hinweis:* Anfänglich liegen die Punkte sehr nah beieinander.)

3.3 Bestimmung der Trägheitskräfte

Betrachten Sie zunächst den Körper unmittelbar nach dem Loslassen.

a) In welche Richtung muss eine Kraft zunächst wirken, um den Körper aus der Ruhe entlang der Bahnkurve in Bewegung zu setzen?

b) Ist die Richtung dieser Kraft mit Ihrem allgemeinen Ergebnis über Trägheitskräfte in Aufgabe 2.2d vereinbar? (*Hinweis:* Bestimmen Sie dazu die Richtung der Beschleunigung im raumfesten System eines auf dem Drehtisch festgehaltenen Körpers.)

c) Die Trägheitskraft, deren Richtung Sie hier bestimmt haben, wird häufig als *Zentrifugalkraft* bezeichnet. Erläutern Sie, inwiefern dieser Begriff die Situation treffend beschreibt.

Wie Sie festgestellt haben, ist die Bahnkurve des Klotzes im rotierenden System im weiteren Verlauf gekrümmt.

d) In welche Richtung muss eine weitere Kraft nach dem Einsetzen der Bewegung wirken, um den Körper von seiner anfänglich (nach dem Loslassen) radialen Bahnkurve abzulenken?

e) Ist der weitere Verlauf der Bahnkurve des Klotzes im rotierenden System mit dem Auftreten der folgenden beiden Kräfte qualitativ vereinbar?

- einer radial nach außen gerichteten Kraft, sowie

- einer senkrecht zur momentanen Bewegungsrichtung und in der Tischebene liegenden Kraft.

WICHTIG: Die radial gerichtete Kraft hat den Betrag $F_Z = mr\omega^2$ und wird, wie oben erwähnt, als *Zentrifugalkraft* bezeichnet. m ist hier die Masse des Körpers, r sein Abstand von der Drehachse des Systems und ω die Winkelgeschwindigkeit des Systems relativ zum raumfesten Bezugssystem. Der obige Ausdruck ergibt sich aus der allgemeineren Darstellung in vektorieller Form als $\vec{F}_Z = -m\vec{\omega} \times (\vec{\omega} \times \vec{r}')$. Die in diesem Beispiel zusätzlich auftretende Kraft senkrecht zur momentanen Bewegungsrichtung hat hier den Betrag $F_C = 2mv\omega$ und heißt *Corioliskraft*. v ist hier die Geschwindigkeit des Körpers relativ zum rotierenden System. Im allgemeinen Fall hat die Corioliskraft die vektorielle Form $\vec{F}_C = -2m(\vec{\omega} \times \vec{v}')$.

f) Machen Sie sich anhand der Rechte-Hand-Regel für das Kreuzprodukt zweier Vektoren bewusst, dass die Corioliskraft die Krümmung der Bahnkurve in der beobachteten Richtung zur Folge hat.

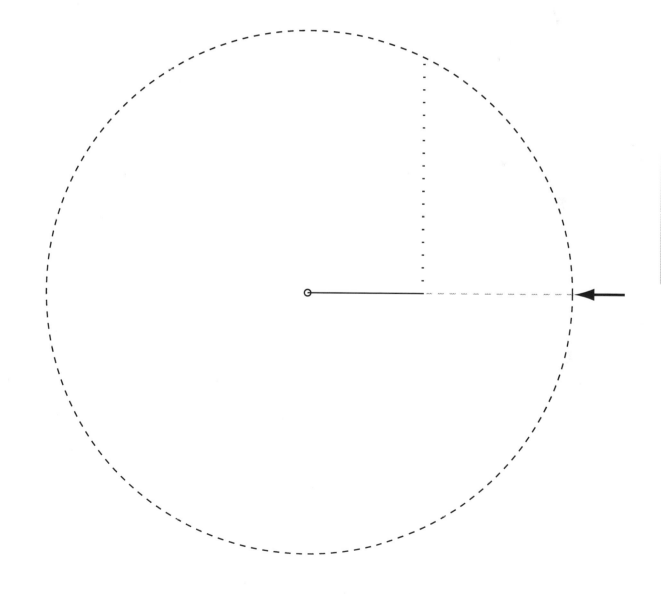

In Teil II (*Elastostatik*) dieser Lehrmaterialien wurde der Begriff „Arbeit" eingeführt und im Zusammenhang mit Energieänderungen bei elastischer Verformung von Materialien und Körpern verwendet. Im vorliegenden Arbeitsblatt betrachten wir die an Körpern verrichtete Arbeit im Zusammenhang mit Energieänderungen bei Änderung des Bewegungszustands.

1 Zusammenhang zwischen Kraft, Verschiebung und Arbeit

Wir beginnen unsere Betrachtung mit der gleichen Situation wie in Arbeitsblatt 23 (*Arbeit am elastischen Körper*) und erweitern diese dann um zusätzliche Körper.

1.1 Arbeit am Einzelkörper

Ein Klotz bewegt sich auf einer reibungsfreien, waagerechten Oberfläche zunächst nach rechts. Eine Hand übt auf den Klotz eine konstante horizontale Kraft aus, die den Klotz abbremst (Phase 1), seine Bewegung umkehrt und ihn dann in entgegengesetzter Richtung schneller werden lässt (Phase 2).

a) Stellen Sie in der Tabelle rechts für die Vektorgrößen *Kraft* und *Verschiebung* die jeweiligen Richtungen mithilfe eines Pfeils dar und geben Sie deren Vorzeichen an, die sich für die jeweilige Horizontalkomponente ergeben, wenn die positive x-Richtung nach rechts gewählt wird.

		Phase 1	Phase 2
Kraft der Hand auf den Klotz	Richtung		
	Vorzeichen		
Verschiebung des Klotzes	Richtung		
	Vorzeichen		

b) Bestimmen Sie das Vorzeichen der Arbeit, die jeweils von der Hand am Klotz verrichtet wird, und tragen Sie dieses in die neben stehende Tabelle ein.

	Phase 1	Phase 2
Vorzeichen der Arbeit am Klotz		

c) Welche Eintragungen in der Tabelle müssen Sie ändern, wenn Sie jetzt die positive x-Richtung nach links wählen? Begründen Sie Ihre Antwort.

d) Betrachten Sie die folgende Aussage:

„Die Kraft ist immer nach links gerichtet. Wenn links die negative Richtung ist, dann ist die Arbeit in beiden Phasen negativ. Wenn wir das Koordinatensystem ändern und links ‚positiv' nennen, dann ist die Arbeit in beiden Fällen positiv."

Stimmen Sie dieser Aussage zu? Begründen Sie.

e) Fassen Sie Ihre bisherigen Ergebnisse zusammen: Wie lassen sich das Vorzeichen und der Betrag der Arbeit, die von einer einzelnen Kraft an einem Körper verrichtet wird, bestimmen?

> WICHTIG: Arbeit ist als Skalarprodukt von Kraft und Verschiebung definiert und ist damit keine Vektorgröße, besitzt also keine Richtung, sondern nur ein positives oder negatives Vorzeichen. Die Arbeit ist koordinatenunabhängig.

© Springer-Verlag GmbH Deutschland, ein Teil von Springer Nature 2018
C. Kautz et al., *Tutorien zur Technischen Mechanik*, https://doi.org/10.1007/978-3-662-56758-6_33

1.2   Arbeit an Systemen mehrerer Körper

Wir betrachten nun die Arbeit, die an einem System verrichtet wird, wenn verschiedene Teile des Systems unterschiedliche Verschiebungen erfahren.

Zwei identische Klötze (A und B) auf einer waagerechten, reibungsfreien Oberfläche sind zunächst in Ruhe. Zum Zeitpunkt $t = t_1$ beginnen zwei Hände damit, die beiden Klötze aufeinander zu zu schieben (siehe Abbildung). Jede der beiden Hände übt eine konstante horizontale Kraft vom Betrag F_0 aus. Zum Zeitpunkt $t = t_2$ haben sich beide Klötze jeweils um eine Strecke vom Betrag d_0 von ihrer Ausgangslage entfernt und sind weiterhin in Bewegung.

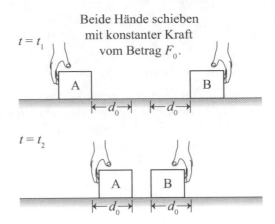

a) Ist die während des Zeitintervalls von t_1 bis t_2 von der Hand am jeweiligen Klotz verrichtete Arbeit *positiv*, *negativ* oder *gleich null*

- für Klotz A?

- für Klotz B?

> WICHTIG: Die Summe aller Arbeiten, die von äußeren Kräften an einem Körper oder einem System verrichtet werden, wird als *Gesamtarbeit aller äußeren Kräfte* $W_{\text{ges,äußere}}$ bezeichnet.

b) Betrachten Sie System S_1, das aus den Klötzen A und B besteht. Geben Sie mithilfe der oben gegebenen Größen einen Ausdruck für die am System S_1 verrichtete Gesamtarbeit der äußeren Kräfte im Zeitintervall von t_1 bis t_2 an. Begründen Sie.

c) Geben Sie einen Ausdruck für die *resultierende Kraft* auf System S_1 zu einem beliebigen Zeitpunkt zwischen t_1 und t_2 an.

Kann man aus dieser resultierenden Kraft die Gesamtarbeit der äußeren Kräfte auf System S_1 berechnen? Begründen Sie.

d) Betrachten Sie die folgende Aussage:

„Da sich beide Klötze um die gleiche Strecke, aber in entgegengesetzte Richtungen bewegen, hat sich das System eigentlich gar nicht bewegt. Deshalb ist die Gesamtarbeit am System gleich null."

Stimmen Sie dieser Aussage zu? Begründen Sie.

Beschreiben Sie mit eigenen Worten, welche Verschiebung(en) man berücksichtigen muss, um die Gesamtarbeit an einem System zu berechnen, dessen verschiedene Teile unterschiedliche Verschiebungen erfahren.

KINETIK
Arbeit und Energie

2 Arbeit und Änderungen der kinetischen Energie an einfachen Systemen

2.1 Energiesatz für Massenpunkte

a) Verwenden Sie die Definition der kinetischen Energie, um das Vorzeichen der *Änderung der kinetischen Energie* ΔE_{kin} eines Körpers zu bestimmen, wenn dieser (1) schneller wird, (2) langsamer wird, oder (3) sich mit konstantem Geschwindigkeitsbetrag bewegt.

b) Halten Sie Ihre bisherigen Ergebnisse in der Tabelle fest.

	Abschnitt 1.1 Phase 1	Abschnitt 1.1 Phase 2	Abschnitt 1.2 Klotz A	Abschnitt 1.2 Klotz B
Vorzeichen von ΔE_{kin}				
Vorzeichen von $W_{\text{ges,äußere}}$				

WICHTIG: Die Gesamtarbeit aller äußeren Kräfte an einem System bewirkt eine Änderung der Gesamtenergie des Systems. Bis einschließlich Abschnitt 2.2 dieses Arbeitsblatts ist die einzige Energieform, die eine Änderung erfährt, die kinetische Energie, sodass $W_{\text{ges,äußere}} = \Delta E_{\text{kin}}$ gilt. Dieser Zusammenhang wird als *Energiesatz für Massenpunkte* bezeichnet.

c) Überprüfen Sie, ob Ihre Ergebnisse in der Tabelle mit der Gleichung $W_{\text{ges,äußere}} = \Delta E_{\text{kin}}$ vereinbar sind.

2.2 Anwendung des Energiesatzes

Zwei Wagen, C und D, sind anfänglich in Ruhe auf einem waagerechten, reibungsfreien Tisch, wie in der folgenden Abbildung dargestellt. Eine konstante Kraft vom Betrag F_0 wird auf jeden der beiden Wagen ausgeübt, während er sich von der Start- zur Zielmarkierung bewegt. Wagen D hat eine größere Masse als Wagen C.

Ansicht von oben

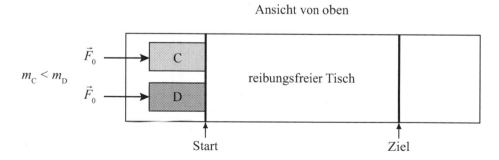

a) Betrachten Sie die folgende Aussage über die kinetischen Energien der beiden Wagen beim Überqueren der Zielmarkierung. Begründen Sie.

„Da auf beide Wagen die gleiche Kraft wirkt, bewegt sich der Wagen mit der geringeren Masse schneller, der mit der größeren Masse langsamer. Da die Geschwindigkeit in der kinetischen Energie im Quadrat vorkommt, aber die Masse nicht, muss der Wagen mit der größeren Geschwindigkeit eine größere kinetische Energie haben.“

Stimmen Sie der Aussage zu? Begründen Sie.

b) Ist die Gesamtarbeit der äußeren Kräfte an Wagen C ($W_\text{ges,äußere,C}$) *größer*, *kleiner* oder *gleich* der Gesamtarbeit der äußeren Kräfte an Wagen D ($W_\text{ges,äußere,D}$)? Begründen Sie.

Ist die kinetische Energie von Wagen C beim Überqueren der Zielmarkierung *größer*, *kleiner* oder *gleich* der kinetischen Energie von Wagen D?

c) Sind Ihre Antworten in a) und b) miteinander vereinbar? Begründen Sie. Falls Sie der Aussage in a) nicht mehr zustimmen, erklären Sie, warum diese nicht zutrifft.

2.3   Grenzen der Gültigkeit des Energiesatzes für Massenpunkte

Der in Abschnitt 1.2 beschriebene Versuch wird nun mit einer Feder zwischen den Klötzen A und B wiederholt (siehe Abbildung). Diesmal bewegen sich die Klötze aus der Ruhelage zum Zeitpunkt t_3 um eine Strecke d_0, bevor sie sich zum Zeitpunkt t_4 wieder *momentan* in Ruhe befinden. Die beiden Klötze, A und B, und die Feder werden zusammen als System S_2 bezeichnet.

a) Bestimmen Sie die im Zeitintervall von t_3 bis t_4 an System S_2 verrichtete *Gesamtarbeit der äußeren Kräfte*. (*Hinweis:* Vergleichen Sie die äußeren Kräfte auf das System hier mit denen in Abschnitt 1.2.)

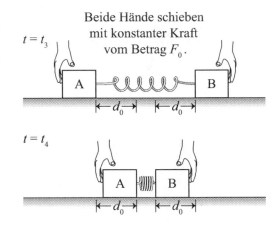

b) Erklären Sie, inwiefern Ihre Antwort mit der Gleichung $W_\text{ges,äußere} = \Delta E_\text{kin}$ im Widerspruch steht.

WICHTIG: Der Zusammenhang $W_\text{ges,äußere} = \Delta E_\text{kin}$ gilt für Systeme, deren innere Energie sich nicht ändert. Wenn sich im obigen Beispiel die Länge der Feder ändert, ändert sich auch die in ihr gespeicherte Energie. Um diese Form der Energie zu berücksichtigen, muss die Energiebilanz in der allgemeineren Form $W_\text{ges,äußere} = \Delta E_\text{ges}$ ausgedrückt werden. In Situationen, in denen Energieübertragung auch in Form von Wärme stattfindet, ist eine noch allgemeinere Darstellung der Energiebilanz notwendig.

Zur weiteren Betrachtung dieser Zusammenhänge empfehlen wir die entsprechenden Arbeitsblätter aus den im Vorwort erwähnten *Tutorien zur Physik*.

Im vorliegenden Arbeitsblatt betrachten wir Situationen, in denen Körper sich sowohl geradlinig bewegen als auch rotieren. Anhand eines Experiments soll untersucht werden, inwiefern einzelne Kräfte gleichzeitig zu beiden Bewegungsformen beitragen.

1 Kräfte als Ursache von Translation und Rotation

1.1 Experiment mit Klotz und Garnrolle

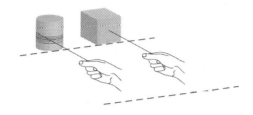

Ein Klotz und eine Garnrolle werden jeweils an einem Faden über eine ebene, reibungsfreie Oberfläche gezogen (siehe Abbildung). Der Faden, mit dem am Klotz gezogen wird, ist in der Mitte der Vorderseite des Klotzes befestigt. Der Faden an der Garnrolle ist mehrmals um die Rolle gewickelt und kann sich beim Ziehen abwickeln. Der Klotz und die Garnrolle haben gleiche Massen. Die Massen der Fäden sind zu vernachlässigen.

Die beiden Hände beginnen zur gleichen Zeit und mit gleicher, konstanter Kraft an den Fäden zu ziehen.

a) Geben Sie eine Vermutung an, ob die Garnrolle die Ziellinie *vor*, *nach* oder *gleichzeitig mit* dem Klotz überquert. Erläutern Sie kurz.

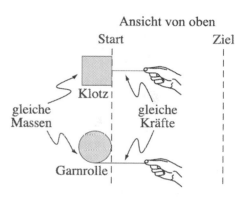

b) Drei Studierende diskutieren ihre Vermutungen über den Ausgang des Experiments:

Leonhard: *„Die Garnrolle wird sich drehen und zur gleichen Zeit wie der Klotz die Ziellinie überqueren. Die beiden Körper haben die gleiche Masse und erfahren die gleiche resultierende Kraft. Also werden ihre Schwerpunkte gleich beschleunigt. Es spielt keine Rolle, ob sich die Garnrolle zu drehen beginnt. Die Kraft des Fadens hat die gleiche Wirkung auf die Translationsbewegung der beiden Körper."*

Siméon: *„Die Garnrolle wird sich drehen und die Ziellinie nach dem Klotz überqueren. Das liegt daran, dass ein Teil der Kraft des Fadens auf die Garnrolle für ihre Rotation verwendet wird. Wenn eine Kraft einen Körper in Drehung versetzt, hat sie eine geringere Wirkung auf seine Translationsbewegung."*

Sofja: *„Die Garnrolle wird sich drehen und die Ziellinie nach dem Klotz überqueren. Ich habe mir das mit der Energie überlegt. Die beiden Körper haben die gleiche gesamte kinetische Energie, wenn sie die Ziellinie überqueren. Da die Garnrolle aber Rotationsenergie besitzt, muss sie eine geringere Translationsenergie haben als der Klotz. Deshalb bewegt sie sich langsamer und kommt nach dem Klotz an der Ziellinie an."*

Stimmen Sie einer der Aussagen zu? Wenn ja, welcher? Begründen Sie Ihre Antwort.

Im folgenden Abschnitt werden Sie ein weiteres Gedankenexperiment machen, mit dem sich untersuchen lässt, welcher der obigen Ansätze richtig ist.

© Springer-Verlag GmbH Deutschland, ein Teil von Springer Nature 2018
C. Kautz et al., *Tutorien zur Technischen Mechanik*, https://doi.org/10.1007/978-3-662-56758-6_34

1.2 Experiment mit fallenden Garnrollen

Die Atwood'sche Fallmaschine in der Abbildung rechts besteht aus zwei identischen Garnrollen (A und B), die durch einen masselosen, nicht dehnbaren Faden verbunden sind. Der Faden ist am einen Ende mehrmals um Garnrolle A gewickelt und verläuft über eine ideale, d. h. masselose und reibungsfrei gelagerte, Umlenkrolle. Am anderen Ende ist der Faden fest mit Garnrolle B verbunden, sodass sich diese beim Loslassen nicht zu drehen beginnt.

Beide Garnrollen werden gleichzeitig aus der gleichen Höhe über dem Boden losgelassen.

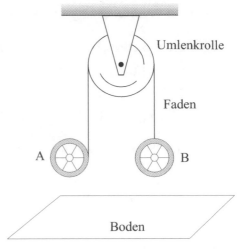

a) Geben Sie eine erste Vermutung an, ob Garnrolle A *vor*, *nach* oder *gleichzeitig mit* Garnrolle B auf dem Boden auftrifft? Falls Sie erwarten, dass sich eine der Garnrollen erst bewegt, wenn die andere auf dem Boden aufgetroffen ist, geben Sie dies ausdrücklich an. Erläutern Sie kurz.

b) Zeichnen Sie rechts für die beiden Garnrollen jeweils ein Freikörperbild für einen Zeitpunkt, kurz nachdem sie losgelassen werden.

c) Vergleichen Sie die jeweiligen Seilkräfte. Erinnern Sie sich dazu an Ihre Überlegungen zu Kräften bei masselosen Seilen in Arbeitsblatt 31 (*Kräfte in beschleunigten vs. statischen Situationen*).

d) Betrachten Sie noch einmal die Aussagen der drei Studierenden in Abschnitt 1.1.

Versuchen Sie zu entscheiden, welche Vorhersagen jeder der drei Studierenden bezüglich des Ausgangs des obigen Experiments machen würde. Gehen Sie davon aus, dass jeder der Studierenden in der gleichen Weise argumentiert wie bei dem Experiment mit Klotz und Garnrolle.

Leonhard:

Siméon:

Sofja:

Welche der drei Argumentationen führt zu dem von Ihnen in a) vermuteten Ergebnis?

e) Lassen Sie sich die notwendigen Experimentiermaterialien geben und überprüfen Sie damit Ihre Vermutungen. Vernachlässigen Sie dabei *kleine* Unterschiede in der Bewegung der beiden Garnrollen.

Vergleichen Sie die Beschleunigung des Schwerpunktes von Garnrolle A mit der von Garnrolle B. Betrachten Sie Betrag und Richtung.

Beschreiben Sie gegebenenfalls, wie Sie Ihre Freikörperbilder ändern müssen, damit diese mit Ihren Beobachtungen vereinbar sind.

f) Spricht das Ergebnis dieses Experiments für die Argumentation von Leonhard, Siméon oder Sofja? Begründen Sie.

1.3 Schlussfolgerung

a) Verallgemeinern Sie Ihre Beobachtungen, anhand der folgenden Frage:

Wird die Auswirkung einer Kraft auf die Schwerpunktsbewegung eines Körpers davon beeinflusst,

- wo am Körper die Kraft angreift,

- ob und wie die Kraft zudem zur Rotationsbewegung des Körpers beiträgt?

b) Betrachten Sie noch einmal Ihre Vermutung bezüglich des Experiments mit Klotz und Garnrolle in Abschnitt 1.1. War Ihre Vermutung angesichts der inzwischen angestellten Überlegungen richtig? Wenn nicht, lösen Sie die Widersprüche auf.

1.4 Einfluss des Trägheitsmoments

Bei der Betrachtung des Experiments in Abschnitt 1.2 wurden die Masse und infolgedessen das Trägheitsmoment der Umlenkrolle vernachlässigt. Es soll nun die Auswirkung des nicht verschwindenden Trägheitsmoments auf den Ausgang des Experiments untersucht werden.

a) Wirkt auf die Umlenkrolle nach dem Loslassen der beiden Garnrollen eine resultierende Kraft? Wenn ja, zeigt die resultierende Kraft *nach oben, nach unten* oder *in eine andere Richtung?*

b) Wirkt auf die Umlenkrolle nach dem Loslassen der beiden Garnrollen ein resultierendes Moment? Wenn ja, wirkt das resultierende Moment *im Uhrzeigersinn* oder *entgegen dem Uhrzeigersinn?* Begründen Sie.

c) Zeichnen Sie ein Freikörperbild für das System bestehend aus der Umlenkrolle und dem an ihr anliegenden Seilstück.

d) Ist die Kraft, die der rechte Faden auf das System ausübt, vom Betrag *größer*, *kleiner* oder *gleich* der Kraft, die der linke Faden auf das System ausübt?

Freikörperbild für Rolle und Seilstück

e) Vergleichen Sie die Seilkräfte der Fadenstücke auf die beiden Garnrollen. Wie lässt sich erklären, dass Ihr Ergebnis über die „Zugkraft im Seil" aus Abschnitt 1.2 in Arbeitsblatt 31 (*Kräfte in beschleunigten vs. statischen Situationen*) nicht mehr zutrifft?

f) Welche der beiden Garnrollen wird zuerst am Boden auftreffen, wenn die Trägheit der Umlenkrolle nicht mehr vernachlässigt werden kann? Begründen Sie.

g) Stimmen Ihre Überlegungen mit dem beobachteten Ausgang des Experimentes überein, wenn Sie nun auch geringfügige Unterschiede in der Bewegung der beiden Garnrollen berücksichtigen?

2   Arbeit und kinetische Energie bei Translation und Rotation

2.1   Energie des Gesamtsystems

In Abschnitt 1.2 haben Sie das Experiment mit den fallenden Garnrollen unter dem Gesichtspunkt der auftretenden Kräfte analysiert. An dieser Stelle soll das gleiche Experiment unter dem Gesichtspunkt der Energie betrachtet werden. Betrachten Sie hierbei alle Energie*änderungen* für das Zeitintervall vom Loslassen der Garnrollen bis zu deren Auftreffen auf dem Boden.

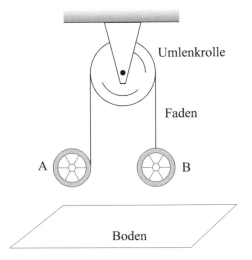

Wie in Abschnitt 1.2 wird die Umlenkrolle als ideal, d. h. reibungsfrei und masselos, angenommen, sodass davon ausgegangen werden kann, dass die beiden Garnrollen gleichzeitig auf dem Boden auftreffen.

a) Ist die *Translationsenergie* von Garnrolle A kurz vor dem Auftreffen auf dem Boden *größer*, *kleiner* oder *gleich* der von Garnrolle B? Begründen Sie.

b) Ist die *gesamte kinetische Energie* von Garnrolle A kurz vor dem Auftreffen auf dem Boden *größer*, *kleiner* oder *gleich* der von Garnrolle B? Begründen Sie.

Betrachten Sie nun das System, das aus den folgenden Körpern besteht: Garnrolle A, Garnrolle B, dem Faden, der Umlenkrolle und der Erde.

c) Begründen Sie, warum die Gesamtenergie ($E_{\text{pot,grav,A}} + E_{\text{pot,grav,B}} + E_{\text{kin,trans,A}} + E_{\text{kin,trans,B}} + E_{\text{kin,rot,A}} + E_{\text{kin,rot,B}}$) konstant bleibt, während die Garnrollen fallen.

2.2 Arbeit an Teilsystemen

Betrachten Sie im Folgenden die einzelnen Garnrollen jeweils als separate Systeme.

a) Welche Körper verrichten jeweils Arbeit an den Garnrollen?

b) Ist die Arbeit, welche die Erde an Garnrolle A verrichtet, *größer*, *kleiner* oder *gleich* der Arbeit, welche die Erde an Garnrolle B verrichtet? Begründen Sie.

c) Ist die Arbeit, welche der Faden an Garnrolle B verrichtet, *positiv*, *negativ* oder *gleich Null*? (*Hinweis:* Beachten Sie Ihr Ergebnis aus Arbeitsblatt 33 (*Arbeit und kinetische Energie*) bezüglich der relevanten Verschiebungen bei der Bestimmung der Arbeit.)

d) Ist die Arbeit, welche der Faden an Garnrolle A verrichtet, *positiv*, *negativ* oder *gleich Null*? (*Hinweis:* Beachten Sie Ihr Ergebnis aus Arbeitsblatt 33 (*Arbeit und kinetische Energie*) bezüglich der relevanten Verschiebungen bei der Bestimmung der Arbeit.)

e) Ist die *Änderung* der gesamten kinetischen Energie jeweils vom Loslassen bis zum Auftreffen auf den Boden von Garnrolle A *größer*, *kleiner* oder *gleich* der von Garnrolle B? Begründen Sie.

Ist Ihre Antwort mit dem Ergebnis in Aufgabe 2.1b vereinbar? Wenn nicht, lösen Sie den Widerspruch auf.

KINETIK

Dynamik von Translation

Im vorliegenden Arbeitsblatt betrachten wir die Dynamik rotierender Körper anhand eines einfachen Beispiels. Dabei soll untersucht werden, in welchem Zusammenhang die Richtungen der Größen *Winkelgeschwindigkeit* und *Drall* zueinander stehen und welche Auswirkungen dies hat.

1 Raumfestes System

1.1 Rotation um eine Symmetrieachse

Das nebenstehend dargestellte hantelförmige Gebilde besteht aus zwei Kugeln der Masse m und einer starren, masselosen Stange. Die Hantel rotiert mit einer Winkelgeschwindigkeit vom Betrag ω um eine feste Achse senkrecht zum Stab durch dessen Mittelpunkt S.

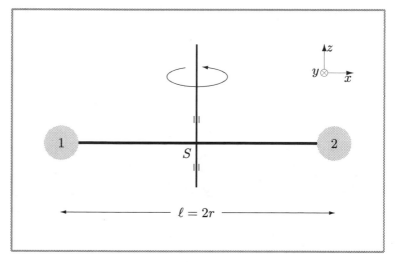

Die Länge des Stabes beträgt $\ell = 2r$. Die Kugeln sind hinreichend klein, so dass sie als Punktmassen betrachtet werden können.

a) Zeichnen Sie den Vektor der Winkelgeschwindigkeit $\vec{\omega}$ in die Abbildung ein.

b) Geben Sie für beide Kugeln jeweils Betrag und Richtung des linearen Impulses $\vec{p}_1$ und $\vec{p}_2$ zum dargestellten Zeitpunkt an.

Zeichnen Sie die entsprechenden Vektoren in die Abbildung ein.

c) Bestimmen Sie mithilfe des jeweiligen Impulses die Dralle $\vec{L}_1$ und $\vec{L}_2$ der beiden Kugeln bezüglich S. Verwenden Sie die vektorielle Notation und keine Koordinatendarstellung.

Zeichnen Sie die entsprechenden Vektoren ebenfalls in die Abbildung ein.

d) Bestimmen Sie Betrag und Richtung des Gesamtdralls $\vec{L}$ der Hantel bezüglich S.

Hat der Gesamtdrall die gleiche Richtung wie der Vektor der Winkelgeschwindigkeit $\vec{\omega}$?

e) In der betrachteten Anordnung lässt sich der Drall als Produkt aus der Winkelgeschwindigkeit und einer weiteren Größe darstellen: $\vec{L} = \Theta\,\vec{\omega}$. Bestimmen Sie Θ.

Ist Θ in diesem Fall eine Zahl, ein Vektor oder keines von beiden?

© Springer-Verlag GmbH Deutschland, ein Teil von Springer Nature 2018
C. Kautz et al., *Tutorien zur Technischen Mechanik*, https://doi.org/10.1007/978-3-662-56758-6_35

f) Ist der Gesamtdrall nach Betrag und Richtung zeitlich konstant, sofern sich die Winkelgeschwindigkeit nicht ändert? Betrachten Sie dazu das System eine Viertelperiode nach dem in der Abbildung dargestellten Zeitpunkt.

g) Treten bei der Rotation der Hantel in den Lagern Momente auf, sofern die Drehachse reibungsfrei ist?

1.2 Rotation um eine Achse, die nicht Symmetrieachse ist

Die Hantel aus Abschnitt 1.1 wird nun um einen Winkel von 30° zur horizontalen Ebene geneigt und rotiert mit der gleichen Winkelgeschwindigkeit wie zuvor um die vertikale Drehachse (siehe Abbildung).

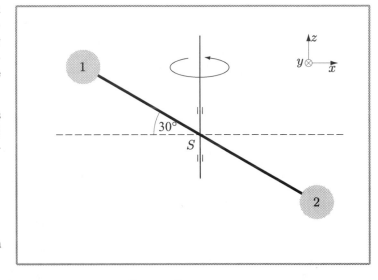

a) Geben Sie für beide Kugeln jeweils Betrag und Richtung des (linearen) Impulses $\vec{p}_1$ und $\vec{p}_2$ zum dargestellten Zeitpunkt an.

Zeichnen Sie die entsprechenden Vektoren in die Abbildung ein.

b) Bestimmen Sie mithilfe des jeweiligen Impulses die Dralle $\vec{L}_1$ und $\vec{L}_2$ der beiden Kugeln bezüglich S zum dargestellten Zeitpunkt. Verwenden Sie die vektorielle Notation und keine Koordinatendarstellung.

Zeichnen Sie die entsprechenden Vektoren ebenfalls in die Abbildung ein.

c) Bestimmen Sie Betrag und Richtung des Gesamtdralls $\vec{L}$ der Hantel bezüglich S zum dargestellten Zeitpunkt.

Hat der Gesamtdrall die gleiche Richtung wie die Winkelgeschwindigkeit?

d) Der Drall soll weiterhin als Produkt aus der Winkelgeschwindigkeit und einer weiteren Größe $\boldsymbol{\Theta}$ geschrieben werden: $\vec{L} = \boldsymbol{\Theta}\,\vec{\omega}$. Kann $\boldsymbol{\Theta}$ wieder einfach als eine Zahl dargestellt werden?

e) Geben Sie den Drall $\vec{L}$ bezüglich S und Winkelgeschwindigkeit $\vec{\omega}$ zum dargestellten Zeitpunkt in Koordinatendarstellung in einem *raumfesten System* an, dessen x-Achse nach rechts und dessen z-Achse nach oben zeigt.

WICHTIG: Da das Produkt aus der Größe $\boldsymbol{\Theta}$ und dem Vektor der Winkelgeschwindigkeit $\vec{\omega}$ ein Vektor ist, der im Allgemeinen nicht die gleiche Richtung wie $\vec{\omega}$ hat, muss $\boldsymbol{\Theta}$ eine Tensorgröße sein. Diese wird in Koordinatenschreibweise als Matrix dargestellt.

f) Erläutern Sie, wie sich aufgrund der obigen Feststellung vermuten lässt, dass $\boldsymbol{\Theta}$ nichtdiagonale Elemente enthält.

1.3 Zeitabhängigkeit des Dralls

In den folgenden Aufgaben soll nun untersucht werden, ob und gegebenenfalls wie sich auch bei konstanter Winkelgeschwindigkeit der Drall ändert. Die Situation aus Abschnitt 1.2 ist hier noch einmal dargestellt.

a) Geben Sie mithilfe des Ergebnisses aus Aufgabe 1.2e die Beträge der Vertikal- und der Horizontalkomponente des Dralls bezüglich S an.

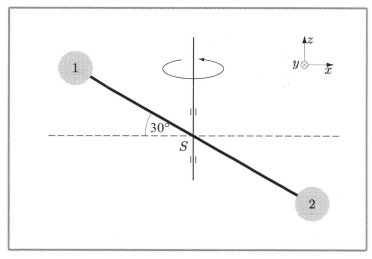

Ändert sich eine der beiden Komponenten in Betrag oder Richtung? Wenn ja, welche Richtung hat der Vektor der Dralländerung $\Delta\vec{L}$ für ein kleines Zeitintervall, beginnend mit dem in der Abbildung dargestellten Zeitpunkt?

b) Geben Sie den Drall $\vec{L}$ bezüglich S als Funktion der Zeit t in Koordinatendarstellung im raumfesten Bezugssystem an und bestimmen Sie dann die zeitliche Ableitung des Dralls:

$$\vec{L}(t) = \qquad\qquad\qquad\qquad\qquad \frac{\mathrm{d}}{\mathrm{d}t}\vec{L}(t) =$$

Entspricht der von Ihnen gefundene Ausdruck für die Ableitung des Dralls hinsichtlich seiner Richtung Ihrer Antwort in a)?

c) Bestimmen Sie das Moment bezüglich S, das von den Lagern auf die Hantel ausgeübt werden muss.

d) Skizzieren Sie in der Abbildung oben mögliche Kräfte der Lager auf die Hantel, mit denen das Moment ausgeübt werden kann.

WICHTIG: Wie Sie feststellen konnten, ändern Momente den Drall eines Körpers oder eines Systems. Es gilt:

$$\frac{\mathrm{d}\vec{L}}{\mathrm{d}t} = \vec{M}$$

Wenn das auf ein System wirkende resultierende Moment gleich null ist, bleibt der Drall des Systems demnach konstant. In diesen Fällen ist der Drall eine Erhaltungsgröße ähnlich dem linearen Impuls (bei Abwesenheit äußerer Kräfte) oder der Energie (sofern die Gesamtarbeit aller äußeren Kräfte verschwindet).

Zur weiteren Betrachtung dieser Zusammenhänge empfehlen wir die entsprechenden Arbeitsblätter aus den in unserem Vorwort erwähnten *Tutorien zur Physik*.

2 Rotierendes System

2.1 Auswirkungen der Trägheitskräfte

Betrachten Sie die Massen einzeln im körperfesten, d. h. rotierenden Bezugssystem.

a) Bestimmen Sie die Trägheitskräfte, die auf die Massen wirken.

b) Welche Auswirkungen haben diese Kräfte auf die gesamte Hantel?

c) Bestimmen Sie das Moment, das die Lager auf die Hantel ausüben müssen, damit diese in der beschriebenen Weise rotiert.

d) Ist Ihre Antwort in c) identisch mit dem Moment, das Sie mithilfe der zeitlichen Änderung des Dralls in Aufgabe 1.3c bestimmt haben?

Printed in the United States
By Bookmasters